BEI GRIN MACHT SICH IHR WISSEN BEZAHLT

- Wir veröffentlichen Ihre Hausarbeit,
  Bachelor- und Masterarbeit

- Ihr eigenes eBook und Buch -
  weltweit in allen wichtigen Shops

- Verdienen Sie an jedem Verkauf

Jetzt bei www.GRIN.com hochladen und kostenlos publizieren

Die Bieberbach'sche Vermutung. Beweis und Erläuterung

Andre Herrmann

Bibliografische Information der Deutschen Nationalbibliothek:

Die Deutsche Nationalbibliothek verzeichnet diese Publikation in der Deutschen Nationalbibliografie; detaillierte bibliografische Daten sind im Internet über http://dnb.d-nb.de abrufbar.

ISBN: 9783668812765
Dieses Buch ist auch als E-Book erhältlich.

Druck und Bindung: Books on Demand GmbH, Norderstedt Germany
Gedruckt auf säurefreiem Papier aus verantwortungsvollen Quellen

Das vorliegende Werk wurde sorgfältig erarbeitet. Dennoch übernehmen Autoren und Verlag für die Richtigkeit von Angaben, Hinweisen, Links und Ratschlägen sowie eventuelle Druckfehler keine Haftung.

Das Buch bei GRIN: https://www.grin.com/document/444417

MATHEMATISCHES INSTITUT

Lehrstuhl für Angewandte Analysis

Die Bieberbachsche Vermutung

Bachelorarbeit

vorgelegt von

Andre Herrmann

September 2014

Inhaltsverzeichnis

I

Einleitung

LUDWIG BIEBERBACH (1896-1982) wurde 1921 Nachfolger von C. CARATHÉODORY an der Berliner Universität. Er studierte in Heidelberg und Göttingen. Zur komplexen Funktionentheorie leistete er bedeutende Beiträge. Er war Verfasser der berühmten BIEBERBACHschen Vermutung, welche besagt, dass die Koeffizienten a_n einer biholomorphen Funktion

$$f(z) = z + \sum_{n=2}^{\infty} a_n \cdot z^n$$

die in der Einheitskreisscheibe $\mathbb{E} := \{z \in \mathbb{C}; |z| \leq 1\}$ definiert ist, der Ungleichung $|a_n| \leq n$ genügen. BIEBERBACH konnte dies für $n = 2$ beweisen. Erst 1985 wurde die Vermutung von L. DE BRANGES BOURCIA [Bra85] für alle n bewiesen. In dieser Arbeit wird eine Beweismethode behandelt, die 1991 durch WEINSTEIN [Wei91] veröffentlicht wurde. Diese setzt die MILIN-Vermutung voraus, die die BIEBERBACHsche Vermutung impliziert. Wichtige Hilfsmittel zum Beweis hierzu sind einparametrige Familien schlichter Funktionen und die LÖWNER Differentialgleichung. Dabei führt der Beweis der MILIN-Vermutung auf einige Sonderfälle der JACOBI-Polynome und deren erzeugende Funktion zurück.

1

Kapitel 1

Mathematische Voraussetzungen

1.1 Definitionen und Sätze

In diesem Kapitel werden die benutzen Sätze, Definitionen und Lemmata aufgelistet. Bezüglich des entsprechenden Beweises des Satzes bzw. Lemmas wird auf die Literatur verwiesen. Am Satzende ist hierfür ein Verweis in eckigen Klammern gekennzeichnet.

Satz 1.1 (Riemannscher Abbildungssatz). *Jedes einfach zusammenhängende Gebiet $G \subsetneq \mathbb{C}$ ist biholomorph auf die Einheitskreisscheibe $\mathbb{C}$ abbildbar. [RS02, S. 173]*

Lemma 1.1 (Lemma von SCHWARZ). *Für jede holomorphe Abbildung $f : \mathbb{E} \to \mathbb{E}$ mit $f(0) = 0$ gilt:*

$$|f(z)| \leq |z| \text{ für alle } z \in \mathbb{E} \text{ und } |f'(0)| \leq 1$$

Gibt es wenigstens einen Punkt $c \in \mathbb{R} \setminus \{0\}$ mit $|f(c)| = |c|$ oder mit $|f'(0)| = 1$, so ist f eine Drehung um 0 d.h. es gibt ein $a \in S^1$, so dass gilt:

$$f(z) = a \cdot z \text{ für alle } z \in \mathbb{E}$$

[RS07, S. 239]

Satz 1.2 (Offenheitssatz). *Es sei f holomorph und nirgends konstant im Bereich $D \subset \mathbb{C}$. Dann ist die Abbildung $f : D \to \mathbb{C}$ offen. [RS02, S. 229]*

Definition 1.1 (Die CAUCHY-Produktformel). *Seien $\sum\limits_{n=0}^{\infty} a_n$ und $\sum\limits_{n=0}^{\infty} b_n$ zwei absolut konvergente Reihen. Dann ist das Produkt der beiden Reihen ebenfalls absolut konvergent und es gilt*

$$\left(\sum_{n=0}^{\infty} a_n \right) \cdot \left(\sum_{n=0}^{\infty} b_n \right) = \sum_{n=0}^{\infty} \sum_{k=0}^{n} a_k \, b_{n-k}$$

Definition 1.2 (Schlitzabbildung). *Sei $0 < T \leq \infty$. Eine injektive, stetige Abbildung $\gamma : [0, T] \to \hat{\mathbb{C}}$ mit $\gamma(T) = \infty \in \hat{\mathbb{C}}$, heißt JORDANscher Kurvenbogen, und das Komplement $G \setminus \gamma([0, T])$ wird Schlitzgebiet genannt. Gibt es eine Funktion, die ein Gebiet G auf eine komplexe Ebene ohne einen Jordanbogen abbildet spricht man von einer Schlitzabbildung. Die Menge der Schlitzabbildungen liegt dicht in S. Dabei kann man zusätzlich annehmen, dass jeweils eine Gerade $(-\infty, c]$ Teil des Randes eines zugehörigen Schlitzgebietes ist.*

Definition 1.3 (Schlichte Funktionen). *Es sei $G \subset \overline{\mathbb{C}}$ ein Gebiet. Eine holomorphe Funktion $f : G \to \mathbb{C}$ heißt schlicht, wenn sie injektiv ist. Wegen des Offenheitssatzes (Satz 1.2) ist eine schlichte Funktion eine biholomorphe Abbildung von G auf das Gebiet $f(G)$. Insbesondere ist die Ableitung einer schlichten Funktion nullstellenfrei. Für die Untersuchung der schlichten Funktionen, die auf dem Einheitskreis $\mathbb{E}$ erklärt sind, bedeutet die Normierung*

$$f(0) = 0 \text{ und } f'(0) = 1$$

sicherlich keine Einschränkung. Es sei

$$S := \{f : \mathbb{E} \to \mathbb{C} : f \text{ schlicht}, f(0) = 0 \text{ und } f'(0) = 1\}$$

die zugehörige Familie. Jede Funktion $f \in S$ besitzt also die auf $\mathbb{E}$ konvergente Potenzreihe

$$f(z) = z + \sum_{n=2}^{\infty} a_n \, z^n, \ z \in \mathbb{E}.$$

[RS07, S. 331]

Satz 1.3 (Die CAUCHYsche Integralformel für Kreisscheiben). *Es sei f holomorph im Bereich D und es sei $B_r(c)$, $r > 0$, eine Kreisscheibe, die nebst Rand ∂B in D liegt. Dann gilt für alle $z \in B$:*

$$f(z) = \frac{1}{2\pi i} \int_{\partial B} \frac{f(\zeta)}{\zeta - z} d\zeta.$$

[RS07, S. 182]

Satz 1.4 (KOEBE). *Sei $f \in S$. Dann gilt für alle $z \in \mathbb{E}$ die Abschätzung*

$$\frac{|z|}{(1 + |z|)^2} \leq |f(z)| \leq \frac{|z|}{(1 - |z|)^2}.$$

[RS07, S. 324]

Satz 1.5 ($1/4$ Theorem). *Sei $f \in S$. Dann enthält $f(\mathbb{E})$ die offene Kreisscheibe vom Radius $1/4$ um den Nullpunkt. [RS07, S. 323]*

Satz 1.6 (CARATHÉODORY). *Es sei das Gebiet $G \subset \overline{\mathbb{C}}$ durch eine geschlossene JORDAN-Kurve berandet und $f : \mathbb{E} \to G$ holomorph. Dann kann f zu einem Homöomorphismus von $\overline{\mathbb{E}}$ nach $\overline{G}$ fortgesetzt werden. Dieselbe Aussage gilt für Schlitzgebiete, wenn die Punkte der JORDAN-Kurve nach ∞ bis auf den Endpunkt des Schlitzes doppelt gezählt werden. [RS07, S. 334]*

Satz 1.7 (SCHWARZsches Spiegelungsprinzip). *Sei f holomorph auf $\mathbb{E}$ und habe eine stetige Fortsetzung eines Bogens Γ auf dem Rand. Nehmen wir weiter an, dass $f(z)$ reell ist für jedes $z \in \Gamma$. Dann hat f eine holomorphe Fortsetzung über Γ gegeben durch*

$$f(z) = \overline{f\left(\frac{1}{\bar{z}}\right)}, \ |z| > 1.$$

[Dur83, S. 14]

3

Satz 1.8 (Monodromiesatz). *Gegeben sei ein einfach zusammenhängendes Gebiet G und eine Funktion f , die in einer offenen Kreisumgebung des Punktes $a \in \Omega$ holomorph ist und sich deshalb dort in eine Potenzreihe entwickeln lässt. Kann man die Funktion f mit Hilfe des Kreiskettenverfahrens längs jeder C^1-Kurve in Ω analytisch fortsetzen, dann ergibt sich dadurch eine eindeutig bestimmte holomorphe Funktion F in Ω. [Jän77, S. 69]*

Lemma 1.2 (Entwicklungslemma). *Ist γ ein stückweise stetiger Weg in $\mathbb{C}$, so ordnen wir jeder stetigen Funktion $f : |\gamma| \to \mathbb{C}$ die Funktion*

$$F(z) = \frac{1}{2\pi i} \int_{\gamma} \frac{f(\zeta)}{\zeta - z} d\zeta \, , z \in \mathbb{C} \setminus |\gamma|$$

zu. Die Funktion F ist in $\mathbb{C} \setminus |\gamma|$ holomorph. Ist $c \notin |\gamma|$ irgendein Punkt, so konvergiert die Potenzreihe

$$\sum_{\nu=0}^{\infty} a_{\nu}(z-c)^{\nu} \; mit \; a_{\nu} := \frac{1}{2\pi i} \int_{\gamma} \frac{f(\zeta)}{(\zeta - z)^{\nu+1}} d\zeta$$

in jeder Kreisscheibe um c, die $|\gamma|$ nicht trifft, gegen F. [RS07, S. 187]

Definition 1.4 (JACOBI-Polynome). *Die erzeugende Funktion der JACOBI-Polynome $P_j^{(\alpha,\beta)}(x)$, $j \in \mathbb{N}_0$, ist definiert durch*

$$\sum_{j=0}^{\infty} P_j^{(\alpha,\beta)}(x) \, z^j = \frac{2^{\alpha+\beta}}{\sqrt{1-2xz+z^2}} \left(\frac{1}{1-z+\sqrt{1-2xz+z^2}} \right)^{\alpha} \left(\frac{1}{1+z+\sqrt{1-2xz+z^2}} \right)^{\beta}$$

wobei $x \in \mathbb{R}$, $|z| < 1$ und

$$P_j^{(\alpha,\beta)}(x) = \frac{(-1)^j}{2^j j! \, (1+x)^{\alpha}(1-x)^{\beta}} \frac{d^j}{dx^j} \left((1+x)^{j+\alpha}(1-x)^{j+\beta} \right) , \; \alpha, \beta > -1$$

ist, oder falls $\alpha, \beta \in \mathbb{N}_0$ sind

$$P_j^{(\alpha,\beta)}(x) = \frac{(j+\alpha)!}{j! \, (j+\alpha+\beta)!} \cdot \sum_{m=0}^{j} (-1)^m \binom{j}{m} \frac{(j+m+\alpha+\beta)!}{(m+\alpha)!} \left(\frac{1-x}{2} \right)^m .$$

Für $\alpha = \beta = \lambda - 1/2$ gehen die JACOBI-Polynome in die GEGENBAUER-Polynome C_n^{λ} und für $\alpha = \beta = 0$ in die LEGENDRE-Polynome über.

Definition 1.5 (GEGENBAUER-Polynome).

$$C_n^{\lambda}(x) = \frac{\Gamma(n+2\lambda)\Gamma(\lambda+\frac{1}{2})}{\Gamma(n+\lambda+\frac{1}{2})\Gamma(2\lambda)} P_n^{(\lambda-1/2,\lambda-1/2)}(x)$$

Definition 1.6 (CHEBYSHEV-Polynome). *Die CHEBYSHEV-Polynome zweiter Art $U_n(x)$, $n \in \mathbb{N}_0$, sind definiert durch*

$$U_n(x) = \frac{\frac{1}{2} \left(\left(x+\sqrt{x^2-1} \right)^{n+1} - \left(x-\sqrt{x^2-1} \right)^{n+1} \right)}{\sqrt{x^2-1}} .$$

Definition 1.7 (LEGENDRE-Polynome). *Die erzeugende Funktion der* LEGENDRE-*Polynome* $P_n(x)$, $n \in \mathbb{N}_0$, *ist definiert durch*

$$\sum_{j=0}^{n} P_j(x)\, z^j = \frac{1}{\sqrt{1 - 2xz + z^2}}, \; x \in \mathbb{R}, \; |z| < 1.$$

1.2 Die Koebe-Funktion

Die Funktion

$$k(z) = \frac{z}{(1-z)^2} = \frac{1}{4}\left(\left(\frac{1+z}{1-z}\right)^2 - 1\right), \quad z \in \mathbb{E} \tag{1.1}$$

heißt KOEBE-Funktion.

Satz 1.9. *Die Funktion k ist in S enthalten und hat die Potenzreihenentwicklung*

$$k(z) = \sum_{n=1}^{\infty} n\, z^n.$$

Beweis. $\dfrac{1}{1-z} = \displaystyle\sum_{n=0}^{\infty} z^n$ (geometrische Reihe). Ableiten nach z auf beiden Seiten ergibt

$$\frac{1}{(1-z)^2} = \sum_{n=1}^{\infty} n\, z^{n-1} \Leftrightarrow \frac{z}{(1-z)^2} = \sum_{n=1}^{\infty} n\, z^n.$$

$\square$

Es gilt $k(\mathbb{E}) = \mathbb{C} \setminus \left(-\infty, -\frac{1}{4}\right]$.

Abbildung 1.1 zeigt das Abbildungsverhalten der KOEBE-Funktion. Ihr Bildgebiet ist wegen Satz (1.4) die ganze komplexe Ebene mit einem radialen Schlitz auf der negativen reellen Achse, welcher bei -1/4 beginnt. Die KOEBE-Funktion spielt bei der Beweisführung der BIEBER-BACHschen Vermutung eine wesentliche Rolle.

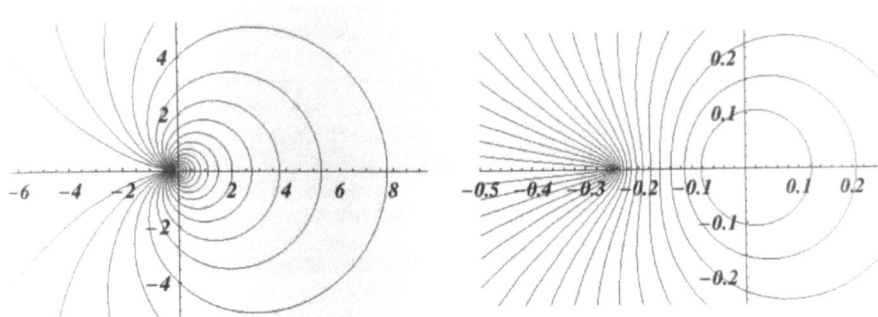

Abbildung 1.1: Bilder konzentrischer Kreislinien der KOEBE-Funktion $k(z) = \dfrac{z}{(1-z)^2}$ [Koe09].

Kapitel 2

Historisches zu den Koeffizienten $|a_n|$

Wir definieren Σ als die Klasse aller Funktionen $g(z) = z + \frac{b_1}{z} + \frac{b_2}{z^2} + \ldots$ aus

$\Sigma := \left\{ g : \Delta \to \hat{\mathbb{C}}, \ g(z) = z + \frac{b_1}{z} + \frac{b_2}{z^2} + \ldots \text{ meromorph und injektiv} \right\}$ mit

$\Delta := \{ z \in \hat{\mathbb{C}}; |z| > 1 \}$ nach $\hat{\mathbb{C}}$ mit $\infty \mapsto \infty$. Alle Funktionen $g \in \Sigma$ mit der Eigenschaft, dass $g(z) \neq 0$ für alle $z \in \Delta$ bildet eine Familie Σ'. Jede Familie aus Σ kann in eine Familie aus Σ' umgewandelt werden und umgekehrt. Wenn $f \in S$, dann ist

$$g(z) = \left\{ f\left(\frac{1}{z}\right) \right\}^{-1} = z - a_2 + (a_2^2 - a_3)z^{-1} + \ldots$$

Mitglied der Familie Σ'. Es besteht also auch eine Beziehung zwischen S und Σ'. Alle Funktionen $g \in \Sigma$ mit der Eigenschaft, dass $g(\Delta)$ in die komplexe Ebene abgebildet wird, ohne eine Menge mit einem zweidimensionalen Lebesgue-Nullmaß, bildet die Familie $\tilde{\Sigma}$. Einen Zusammenhang dieser Familien beschreibt der GRONWALLsche Flächensatz. Er besagt, dass für jede Funktion $g(z) \in \Sigma$ die Ungleichung

$$\sum_{n=1}^{\infty} n \, |b_n|^2 \leq 1 \tag{2.1}$$

gilt. Die Gleichheit gilt dann und nur dann, wenn $g \in \tilde{\Sigma}$ ist. Wenden wir uns einem Beispiel zu. Aus der Ungleichung (2.1) folgt, dass $|b_1| \leq 1$ ist. Dann kann nur Gleichheit eintreten, wenn $b_1 = e^{i\theta}$ ist. Alle anderen Koeffizienten von b_n, $n > 1$ verschwinden. Es ist dann

$$g(z) = z + \frac{e^{i\theta}}{z}.$$

Für $\theta = 0$ und $|z| = 1$, $z = e^{it}$ hat $g(z) = \frac{1}{z} + z$ nur reelle Werte.

$$g(z) = z + \frac{1}{z} = e^{it} + e^{-it} = 2\cos(t) \in [-2, 2]$$

also $g(\Delta) = \hat{\mathbb{C}} \setminus [-2, 2]$.

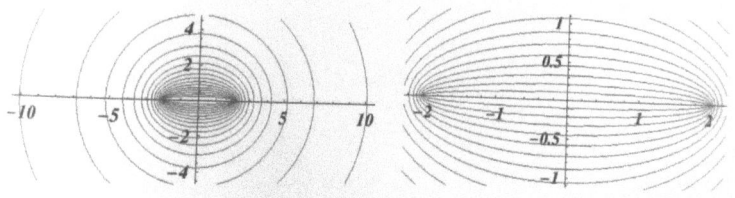

Abbildung 2.1: Bilder konzentrischer Kreislinien mit $g(z) = z + \frac{1}{z}$ [Koe09].

Ohne Kenntnis von GRONWALLs Resultat veröffentlichte BIEBERBACH im Jahre 1916 dieselbe Ungleichung $\sum_{n=1}^{\infty} n|b_n|^2 \leq 1$, stellte jedoch die Klasse S in den Vordergrund und zeigte $|a_2| \leq 2$ mit Hilfe der Bedingung $|b_1| \leq 1$. Er folgerte, dass $|a_2| = 2$ nur für die KOEBE-Funktion und ihre Rotationen gelten kann.

Satz 2.1 (BIEBERBACH). *Für jede Funktion $f \in S$ ist $|a_2| \leq 2$. Gleichheit gilt dann und nur dann, wenn f die KOEBE-Funktion ist oder einer ihrer Rotationen. [Gon99, S. 8]*

Die Rotation der KOEBE-Funktion wird dann als

$$f(z) = \frac{z}{(1 - e^{i\theta}z)^2} = e^{-i\theta} \cdot k(e^{i\theta}z)$$

definiert In seiner Arbeit schrieb er als Fußnote „Vielleicht ist $k_n = n$".(k_n ist das Maximum der $|a_n|$ über alle Funktionen aus S.)

Die Ungleichung $|a_n| \leq n$ wird seitdem als BIEBERBACHsche Vermutung bezeichnet. Im Jahr 1917 zeigte LÖWNER die Ungleichung $|a_n| \leq 1$ für Funktionen $f \in S$, allerdings mit der Einschränkung, dass das Bildgebiet von $\mathbb{E}$ konvex ist. Bis 1923 gelang es keinem, die BIEBER-BACHsche Vermutung auch nur für ein einziges $n > 2$ in ganz S zu zeigen. Dies gelang wiederum LÖWNER. LÖWNERs Arbeit war wohl die wichtigste Vorarbeit zum Beweis der BIEBER-BACHschen Vermutung, zumindest aber der erste entscheidende Schritt. LÖWNER bewies mit Hilfe seiner aufgestellten LÖWNER-Theorie 1923 , dass $|a_3| \leq 3$ ist. Im Kapitel 3.2 wird auf die LÖWNER-Theorie genauer eingegangen.

1955 konnten GARABEDIAN und SCHIFFER zum ersten Mal mit Hilfe der LÖWNER-Theorie und der SCHIFFER-Variation $|a_4| \leq 4$ zeigen. Es gelang 1960 CHARZYNSKI und SCHIFFER ein elementarer Beweis derselben Aussage mit Hilfe der GRUNSKYschen Ungleichungen.

PEDERSON und OZAWA bewiesen 1968 sogar $|a_6| \leq 6$ mit denselben Hilfsmitteln wie GARA-BEDIAN und SCHIFFER. 1972 vervollständigten PEDERSON und SCHIFFER lediglich die Reihe mit $|a_5| \leq 5$ bis 1984 DE BRANGES der Durchbruch gelang. Er bewies als erster Mathematiker nach fast 70 Jahren, dass die BIEBERBACHsche Vermutung richtig ist. Als Hilfsmittel benutzte er die LÖWNER-Theorie und die hypergeometrischen Funktionen. 1989 veröffentlichte WEIN-STEIN einen Alternativbeweis, der ohne hypergeometrische Funktionen auskommt. Dieser wird im Kapitel 3.3 ausführlich behandelt.[Koe94]

Kapitel 3

Die Bieberbachsche Vermutung

Ziel dieses Kapitels ist es die MILIN-Vermutung herzuleiten.

$$\sum_{k=1}^{n} \left(k \, |\alpha_k|^2 - \frac{4}{k} \right) (n - k + 1) \leq 0$$

Die α_k sind dabei die logarithmischen Koeffizienten einer holomorphen Funktion $\psi(z)$ in einer Umgebung von Null (siehe (3.1), (3.2)). Wie schon in der Einleitung angedeutet, impliziert die MILIN-Vermutung die BIEBERBACHsche Vermutung, daher wird in den nachfolgenden Abschnitten ausführlich die MILIN-Vermutung bewiesen. Hierzu wird die Beweisführung von WEINSTEIN hinzugezogen. Wichtige Hilfsmittel hierfür sind einparametrige Familien schlichter Funktionen und die LÖWNERsche Differentialgleichung.

3.1 Herleitung der Milin-Vermutung

Sei

$$\psi(z) = \sum_{k=0}^{\infty} \beta_k \, z^k \text{ mit } \beta_0 = 1 \tag{3.1}$$

holomorph in einer Umgebung von Null und

$$\varphi(z) = \sum_{k=1}^{\infty} \alpha_k \, z^k = \log \psi(z). \tag{3.2}$$

Es gilt

Lemma 3.1.

$$\frac{1}{n+1} \sum_{k=0}^{n} |\beta_k|^2 \leq \exp \left(\frac{1}{n+1} \sum_{k=1}^{n} \left(k \, |\alpha_k|^2 - \frac{1}{k} \right) (n - k + 1) \right). \tag{3.3}$$

Dies ergibt sich wie folgt:

Beweis. Ableitung von $\varphi(z)$ nach z ergibt

$$\varphi'(z) = \frac{1}{\psi(z)} \cdot \psi'(z) \Leftrightarrow \varphi'(z) \cdot \psi(z) = \ '(z)$$

$$\Leftrightarrow \left(\sum_{k=0}^{\infty} \beta_k \, z^k \right) \cdot \left(\sum_{k=1}^{\infty} k \, \alpha_k \, z^{k-1} \right) = \sum_{k=0}^{\infty} k \, \beta_k \, z^{k-1}.$$

Anwendung der Cauchy-Produktformel (Definition 1.1):

$$\sum_{k=1}^{\infty} k \, \beta_k \, z^{k-1} = \sum_{k=1}^{\infty} \sum_{m=1}^{k} m \, \alpha_m \, \beta_{k-m} \, z^{k-1}$$

Der Koeffizientenvergleich beider Seiten für $k \geq 1$ ergibt:

$$k \, \beta_k = \sum_{m=1}^{k} m \, \alpha_m \, \beta_{k-m}$$

Bildet man das Betragsquadrat auf beiden Seiten und Anwendung der SCHWARZschen Ungleichung

$$\left(\sum_{m=1}^{k} |m \, \alpha_m \, \beta_{k-m}| \right)^2 \leq \left(\sum_{m=1}^{k} |m \, \alpha_m|^2 \right) \left(\sum_{m=0}^{k-1} |\beta_m|^2 \right) \tag{3.4}$$

ergibt mit (3.4) dann

$$k^2 \, |\beta_k|^2 \leq \left(\sum_{m=1}^{k} m^2 \, |\alpha_m|^2 \right) \left(\sum_{m=0}^{k-1} |\beta_m|^2 \right).$$

Setze nun

$$A_k = \sum_{m=1}^{k} m^2 \, |\alpha_m|^2 \ \text{und} \ B_{k-1} = \sum_{m=0}^{k-1} |\beta_m|^2. \tag{3.5}$$

Dann ist $k^2 \, |\beta_k|^2 \leq A_k \cdot B_{k-1}$ und $B_k = B_{k-1} + |\beta_k|^2$ und für $|\beta_k|^2$ eingesetzt folgt

$$B_k \leq B_{k-1} + \frac{A_k \, B_{k-1}}{k^2} = B_{k-1} \left(\frac{k^2 + k - k + A_k}{k^2} \right)$$

$$= B_{k-1} \left(\frac{k(k+1)^2 + (A_k - k)(k+1)}{k^2(k+1)} \right) = B_{k-1} \cdot \frac{k+1}{k} \left(1 + \frac{A_k - k}{k(k+1)} \right).$$

Man sieht, dass die Folge (B_k) streng monoton steigend ist $(B_{k-1} < B_k)$. Eine Abschätzung nach oben durch $1 + x_k \leq \exp(x_k)$ mit $x_k = \dfrac{A_k - k}{k(k+1)}$ ergibt

$$B_k \leq B_{k-1} \cdot \frac{k+1}{k} \left(1 + \frac{A_k - k}{k(k+1)} \right) \leq B_{k-1} \cdot \frac{k+1}{k} \, \exp\left(\frac{A_k - k}{k(k+1)} \right). \tag{3.6}$$

mit

$$B_{k-1} \leq B_{k-2} \cdot \frac{k}{k-1} \, \exp\left(\frac{A_{k-1} - k + 1}{k(k-1)} \right).$$

Durch rekursives Einsetzen in (3.6) mit $B_0 = 1$,

$$B_k \leq \frac{k+1}{k} \cdot \frac{k}{k-1} \cdot \frac{k-1}{k-2} \ldots \exp\left(\frac{A_k - k}{k(k+1)} + \frac{A_{k-1} - k + 1}{k(k-1)} + \ldots\right)$$

$$\Leftrightarrow B_k \leq (k+1) \cdot \exp\left(\sum_{m=1}^{k} \frac{A_m - m}{m(m+1)}\right)$$

$$\Leftrightarrow B_k \leq (k+1) \cdot \exp\left(\underbrace{\sum_{m=1}^{k} \left(\frac{A_m}{m(m+1)} - \frac{1}{m+1}\right)}\right). \tag{3.7}$$

Sieht man sich die beiden Summenterme in der Klammer genauer an, kann man beide leicht umformen. Mit

$$\frac{1}{m(m+1)} = \frac{1}{m} - \frac{1}{m+1} \text{ und } A_m = \sum_{j=1}^{m} j^2 |\alpha_j|^2$$

erhält man

$$\sum_{m=1}^{k} \frac{A_m}{m(m+1)} = \sum_{m=1}^{k} \sum_{j=1}^{m} j^2 |\alpha_j|^2 \left(\frac{1}{m} - \frac{1}{m+1}\right) = \sum_{j=1}^{k} \sum_{m=j}^{k} j^2 |\alpha_j|^2 \left(\frac{1}{m} - \frac{1}{m+1}\right) \tag{3.8}$$

wobei

$$\sum_{m=j}^{k} \left(\frac{1}{m} - \frac{1}{m+1}\right) = \frac{1}{j} - \frac{1}{j+1} + \frac{1}{j+1} - \frac{1}{j+2} + \ldots = \frac{1}{j} - \frac{1}{k+1}$$

ist. Damit wird (3.8) umgeformt zu:

$$\sum_{j=1}^{k} \left(\frac{1}{j} - \frac{1}{k+1}\right) j^2 |\alpha_j|^2 = \frac{1}{k+1} \sum_{j=1}^{k} j(k+1-j) |\alpha_j|^2 \tag{3.9}$$

Der zweite Term lässt sich auch anders formulieren:

$$\sum_{j=1}^{k} \frac{1}{j+1} = \sum_{j=1}^{k+1} \frac{1}{j} - 1 = \sum_{j=1}^{k} \frac{1}{j} + \frac{1}{k+1} - 1 = \sum_{j=1}^{k} \frac{1}{j} - \frac{k}{k+1} = \frac{1}{k+1} \sum_{j=1}^{k} \frac{k+1}{j} - k.$$

$$= \frac{1}{k+1} \sum_{j=1}^{k} \left(\frac{k+1}{j} - 1\right) = \frac{1}{k+1} \sum_{j=1}^{k} \frac{k+1-j}{j}$$

Mit dieser Rechnung, $\frac{1}{k+1}$ ausgeklammert sowie (3.9) wird (3.7) neu berechnet:

$$B_k \leq (k+1) \exp \left(\frac{1}{k+1} \sum_{j=1}^{k} \left(j\,|\alpha_j|^2\,(k+1-j) - \frac{k+1-j}{j} \right) \right)$$

$$= (k+1) \exp \left(\frac{1}{k+1} \sum_{j=1}^{k} \left(j\,|\alpha_j|^2 - \frac{1}{j} \right) (k+1-j) \right).$$

Das Ergebnis entspricht dann (3.3) . $\qquad\qquad\qquad\qquad\qquad\qquad\qquad$ $\square$

Wenden wir nun Lemma 3.1 auf folgende Situation an: Sei nun $f \in S$, $f(z) = \sum_{n=1}^{\infty} a_n\,z^n$ mit $a_1 = 1$. Dann gibt es eine Reihenentwicklung für die Funktion g

$$g(z) = \sqrt{\frac{f(z)}{z}} = 1 + b_1 z + b_2 z^2 + \dots,$$

wobei g ebenfalls holomorph in $\mathbb{E}$ und $z \in \mathbb{E}$ ist. Die Funktion g übernimmt die Rolle von ψ in (3.1). Die Existenz von $g(z)$ folgt aus dem Monodromiesatz (Satz 1.8) und wegen $f(z) = 0 \Leftrightarrow z = 0$. Dann gilt

$$z\,(g(z))^2 = f(z) \Leftrightarrow z \left(\sum_{i=0}^{\infty} b_i z^i \right) \cdot \left(\sum_{j=0}^{\infty} b_j z^j \right) = z \sum_{n=1}^{\infty} a_n z^{n-1} \text{ mit } b_0 = 1.$$

Wendet man nun auf der rechten Seite die CAUCHY-Produktformel (Definition 1.1) an und macht dann einen Koeffizientenvergleich auf beiden Seiten, dann folgt für die Koeffizienten a_n:

$$a_n = \sum_{m=0}^{n-1} b_m \cdot b_{n-m-1}.$$

Die rechte Seite kann als Skalarprodukt im $\mathbb{C}^{\,n-1}$ aufgefasst werden.

$$\sum_{m=0}^{n-1} b_m \cdot b_{n-m-1} = \left\langle (b_m)_{m=0}^{n-1}, (b_{n-m-1})_{m=0}^{n-1} \right\rangle$$

Darauf wendet man nun die SCHWARZsche Ungleichung an und erhält

$$|a_n| \leq \sum_{m=0}^{n-1} |b_m|^2 = B_{n-1} \text{ mit (3.5).}$$

Genau wie in (3.2) wird jetzt die Reihe aus $\log(g(z))$ gebildet:

$$\log(g(z)) = \frac{1}{2} \log \left(\frac{f(z)}{z} \right) = c_1 z + c_2 z^2 + \dots \Rightarrow \alpha_1 z + \alpha_2 z^2 + \dots = 2c_1 z + 2c_2 z^2 + \dots.$$

Wenn man in(3.3) k durch $n-1$ ersetzt und wieder k als Laufvariable nimmt, bekommt man

$$|a_n| \leq B_{n-1} \leq n \, \exp\left(\frac{1}{n}\sum_{k=1}^{n}\left(k\,|c_k|^2 - \frac{1}{k}\right)(n-k)\right)$$

$$\Leftrightarrow \frac{|a_n|}{n} \leq \exp\left(\frac{1}{n}\sum_{k=1}^{n}\left(k\,|c_k|^2 - \frac{1}{k}\right)(n-k)\right).$$

Zu zeigen ist nun, dass der Exponent

$$\frac{1}{n}\sum_{k=1}^{n}\left(k\,|c_k|^2 - \frac{1}{k}\right)(n-k) \leq 0 \tag{3.10}$$

ist, denn dann folgt $\frac{|a_n|}{n} \leq 1 \Leftrightarrow |a_n| \leq n$ wobei $c_k = \frac{\alpha_k}{2}$. Also ist

$$\frac{1}{n}\sum_{m=0}^{n-1}|b_m|^2 \leq \exp\left(\frac{1}{n}\sum_{k=1}^{n}\left(k\frac{|\alpha_k|^2}{4} - \frac{1}{k}\right)(n-k)\right).$$

Ersetzt man nun n durch $n+1$ und klammert $1/4$ aus dann erhält man:

$$\sum_{m=0}^{n}|b_m|^2 \leq (n+1)\exp\left(\frac{1}{4(n+1)}\sum_{k=1}^{n}\left(k\,|\alpha_k|^2 - \frac{4}{k}\right)(n-k+1)\right).$$

Der $n+1$-te Summand ergibt keinen Beitrag zur Summe. Schließlich wird nach oben abgeschätzt:

$$\sum_{m=0}^{n}|b_m|^2 \leq (n+1)\exp\left(\frac{1}{(n+1)}\sum_{k=1}^{n}\left(k\,|\alpha_k|^2 - \frac{4}{k}\right)(n-k+1)\right). \tag{3.11}$$

Die MILIN-Vermutung macht eine Aussage über die gemischten quadratischen Mittel der logarithmischen Koeffizienten einer schlichten Funktion.

MILLIN-Vermutung:

Sei $f \in S$ und $g(z) = \sqrt{\frac{f(z)}{z}}$ sowie $\log(g(z)) = \sum_{k=1}^{\infty}\alpha_k \cdot z^k$. Dann gilt

$$\boxed{\sum_{k=1}^{n}\left(k\,|\alpha_k|^2 - \frac{4}{k}\right)(n-k+1) \leq 0} \tag{3.12}$$

Lemma 3.2. *Die Summe wird genau dann Null, wenn* $\alpha_k = \frac{2}{k}$*, damit gilt auch*

$$B_n = \sum_{m=0}^{n}|b_m|^2 \leq n+1 \,.$$

Beweis. Ist der Wert der Klammer

$$\sum_{k=1}^{n} \left(k \, |\alpha_k|^2 - \frac{4}{k} \right)$$

gleich Null, so ist dann die Summe auch Null. Das heißt

$$k \cdot |\alpha_k|^2 = \frac{4}{k} \Rightarrow k \cdot \alpha_k^2 = \frac{4}{k} \Leftrightarrow \alpha_k = \frac{2}{k}$$

und mit (3.11) berechnen sich dann die B_n zu: $B_n = \sum_{m=0}^{n} |b_m|^2 \le n + 1.$ $\qquad\square$

Lemma 3.3. *Falls $f(z) = k(z)$ ($k(z) \to$ KOEBE-Funktion), dann gilt $\alpha_k = \dfrac{2}{k}$.*

Beweis.

$$k(z) = \frac{z}{(1-z)^2} \Leftrightarrow \frac{k(z)}{z} = \frac{1}{(1-z)^2} \Leftrightarrow \log\left(\frac{k(z)}{z} \right) = -2\log(1-z)$$

Taylorreihe zu: $\log(1-z) = -\displaystyle\sum_{k=1}^{\infty} \frac{z^k}{k}$. Dann ist $\log\left(\dfrac{k(z)}{z} \right) = \displaystyle\sum_{k=1}^{\infty} \frac{2}{k} z^k.$ $\qquad\square$

Fazit: Man muss jetzt noch beweisen, dass (3.10) gilt. Die Vermutung liegt nahe, dass der Beweis mit der KOEBE-Funktion zusammenhängt. Für den Beweis benötigt man Hilfsmittel aus der LÖWNER-Theorie, die im nächsten Kapitel bereitgestellt werden.

3.2 Die Löwner-Theorie

In diesem Kapitel werden die LÖWNERschen Differentialgleichungen für Schlitzabbildungen (Definition 1.2) aufgestellt. Hier wird die von LÖWNER eingeführte Schreibweise verwendet.

Satz 3.1 (Subordinationsprinzip). *Es sei $f \prec g$, das heißt f und g sind holomorphe in $\mathbb{E}$ und schlichte Funktionen mit $g(0) = f(0)$ und $g(\mathbb{E}) \subset f(\mathbb{E})$. Dann gilt $|g'(0)| \leq |f'(0)|$ und $g(B_r(0)) \subset f(B_r(0))$ für alle $0 < r \leq 1$.*

Beweis. Es ist die Funktion $f^{-1} \circ g : \mathbb{E} \to \mathbb{E}$ erklärt. Mit dem SCHWARZschen Lemma 1.1 folgt unmittelbar die Behauptung. $\qquad\Box$

Es sei $f \in S$ eine Schlitzabbildung , $f : \mathbb{E} \mapsto \mathbb{C}$ mit $f(\mathbb{E}) = D = \mathbb{C} \setminus \Gamma$, wobei Γ eine JORDAN-Kurve ist, die im Punkt $w_0 \in \mathbb{C}$ beginnt und ins Unendliche geht . Sei $w = \psi(t)$ eine injektive, stetige und stückweise differenzierbare Parametrisierung von $\Gamma_t = \psi([t,T])$ und $D_t = \mathbb{C} \setminus \Gamma_t$ mit $\psi(0) = w_0$. Es ist $\psi(s) \neq \psi(t)$ für $s \neq t$. D_t ist das Komplement von Γ_t. Dann ist $D_0 = D$ für $t = 0$, und es gilt $D_s \subset D_t$ für $s < t$. Es sei schließlich

$$g(z,t) = \beta(t) \cdot (z + b_2(t)z^2 + b_3(t)z^3 + \ldots)$$

die RIEMANNsche Abbildung von $\mathbb{E}$ nach D_t mit $g(0,t) = 0$ und $g'(0,t) = \beta(t) > 0$. Offenbar ist $g(z,0) = f(z)$. Aus Satz 1.6 und der CAUCHY-Formel folgt, das alle Taylorkoeffizienten von $g(z,t)$ stetig differenzierbare e-Funktionen von t sind. Insbesondere ist $\beta(t)$ stetig und es ist $\beta(0) = 1$. Aus Satz 3.1 folgt wegen $D_s \subset D_t$ bzw. $g(z,s) \prec g(z,t)$ für $s < t$, dass $\beta(t)$ eine streng monoton wachsende Funktion ist. Wir können daher eine Umparametrisierung vornehmen und o.B.d.A. $\beta(t) = e^t$ für $0 \leq t < T$ setzen. Bei dieser Wahl ist aber $T = \infty$. Um dies zu zeigen sei $M > 0$ beliebig. Dann liegt Γ_t offenbar außerhalb des Kreises $\mathbb{K}_M$ für genügend großes t. Aus dem Maximumprinzip folgt dann, dass

$$\left| \frac{z}{g(z,t)} \right| \leq \frac{1}{M}, \ z \in \mathbb{E}$$

für diese t-Werte. Hieraus folgt, dass $M \leq |g'(0,t)| = e^t$ für t nahe genug an T. Da M beliebig war, folgt also , dass $e^t \to \infty$ strebt für $t \to T$. Dies geht aber nur mit $T = \infty$.
Fassen wir zusammen, so haben wir also die Standarddarstellung

$$g(z,t) = e^t \left(z + \sum_{n=2}^{\infty} b_n(t)z^n \right) ; \ z \in \mathbb{E}, \ t \in [0,\infty) \tag{3.13}$$

und nennen $\psi(t)$ *Standardparametrisierung* von Γ. Im Zuge einer geometrischen Aufbereitung des Problems führt man die Funktionenfamilie $f : \mathbb{E} \to \mathbb{E}$ ein, die durch

$$f(z,t) = g^{-1}(f(z),t) = e^{-t} \left(z + \sum_{n=2}^{\infty} a_n(t)z^n \right)$$

gegeben ist. Es ist $f(z,0) = z$ für alle $z \in \mathbb{E}$ und nach Konstruktion von $f(t,\mathbb{E})$ das Komplement eines Kurvenstücks in $\mathbb{E}$, welches sich zum Rand hin erstreckt. Durch Einsetzen der Potenzreihen ineinander sieht man, dass die $a_n(t)$ als Polynome in den $b_2(t), \ldots, b_n(t)$ stetig sind. Der Hauptsatz der LÖWNER-Theorie beinhaltet die folgende Differentialgleichung.

Satz 3.2. *Es sei* $f : \mathbb{E} \to \mathbb{C} \setminus \Gamma$, $f \in S$, *Schlitzabbildung und* $\psi(t)$ *für* $t \in [0, \infty)$ *die Standardparametrisierung von* Γ. *Dann gilt für* $f(z, t)$ *die Differentialgleichung*

$$\frac{\partial f(z, t)}{\partial t} = -f(z, t) \frac{1 + \kappa(t) f(z, t)}{1 - \kappa(t) f(z, t)} \tag{3.14}$$

wobei $\kappa(t)$ *in* t *stetig ist mit* $|\kappa(t)| = 1$. *Ferner gilt*

$$\lim_{t \to \infty} e^t f(z, t) = f(z), \ z \in \mathbb{E}, \tag{3.15}$$

wobei der Grenzwert im Sinne der kompakten Konvergenz existiert.

Beweis. Es wird Satz 1.4 (KOEBE) auf $e^{-t} g(z, t)$ angewandt:

$$\frac{e^t |z|}{(1 + |z|)^2} \le |g(z, t)| \le \frac{e^t |z|}{(1 - |z|)^2} \text{ für alle } z \in \mathbb{E}, \ t \ge 0$$

Also mit $z = g^{-1}(w, t)$ und $w = g(z, t)$ folgt

$$(1 - |g^{-1}(w, t)|)^2 \le e^t \left| \frac{g^{-1}(w, t)}{w} \right| \le (1 + |g^{-1}(w, t)|)^2 \le 4, \tag{3.16}$$

da $|g^{-1}(w, t)| \le 1$ ist. Die Ungleichung etwas umgeformt ergibt dann

$$|g^{-1}(w, t)| \le 4 e^{-t} |w|.$$

Dann konvergiert $\lim_{t \to \infty} g^{-1}(w, t) = 0$ gleichmäßig auf jeder kompakten Menge. Dies in (3.16) eingesetzt zeigt, dass $e^t \left| \frac{g^{-1}(w, t)}{w} \right|$ kompakt gegen eins konvergiert. Daher bilden die Funktionen $\left\{ e^t \cdot \frac{g^{-1}(w, t)}{w} : t \ge 0 \right\}$ eine eine normale Familie. Sei t_μ eine eine Folge mit $\lim_{\mu \to \infty} t_\mu = \infty$ und $(t_\nu)_{\nu \in \mathbb{N}}$ eine beliebige Teilfolge von $(t_\mu)_{\mu \in \mathbb{N}}$. Dann ist die Teilfolge

$$G(w) = \lim_{k \to \infty} e^{t_{\nu_k}} \frac{g^{-1}(w, t_{\nu_k})}{w}; \ G(0) = 1$$

kompakt konvergent. Dann folgt nach dem Satz von LIOUVILLE $|G(w)| = 1$ also $G(w) = 1$. Also besitzt jede Teilfolge von $e^{t_\mu} g^{-1}(w, t_\mu)$ eine konvergente Teilfolge $e^{t_{\nu_k}} g^{-1}(w, t_{\nu_k})$ mit

$$\lim_{k \to \infty} e^{t_{\nu_k}} g^{-1}(w, t_{\nu_k}) = w.$$

Damit folgt dann

$$\lim_{t \to \infty} e^t g^{-1}(w, t) = w, \ \text{d.h. für } w = f(z)$$

dass

$$e^t g^{-1}(f(z), t) = e^t \cdot f(z, t) \overset{t \to \infty}{\rightrightarrows} f(z)$$

kompakt konvergent ist. Um die LÖWNERsche Differentialgleichung aufzustellen, argumentiert man geometrisch: Sei für beliebige aber feste Zahlen s und t mit $0 \le s < t < \infty$

$$\zeta = h(z, s, t) = g^{-1}(g(z, s), t) = e^{s-t} z + \dots. \tag{3.17}$$

Im Folgenden wird hier der Satz 1.6 ohne Beweis benutzt. Analog gilt die Aussage des Satzes 1.6 auch für geschlitzte Gebiete, deren Rand ansonsten eine geschlossene Jordan-Kurve darstellt. Nach Konstruktion bildet $h(z, s, t)$ die Einheitskreisscheibe schlicht auf das Komplement $\mathbb{E} \setminus J_{s,t}$ ab, wobei $J_{s,t}$ ein stetiges Kurvenstück mit Endpunkt $\lambda(t) \in \partial\mathbb{E}$ bezeichnet, welches ansonsten im Innern von E verläuft und keine Doppelpunkte besitzt. Es ist der Endpunkt $\lambda(t) = g^{-1}(\psi(t), t)$ unabhängig von s. Aufgrund von Satz 1.6 lässt sich $h(z, s, t)$ zu einem Homöomorphismus von $\overline{\mathbb{E}}$ nach $\mathbb{E}$ fortsetzen, wobei die Punkte $J_{s,t}$, abgesehen vom Anfangspunkt des Kurvenstückes im Innern von E, doppelt gezählt werden müssen. Wir bezeichnen diesen wieder mit $h(z, s, t)$. Das Urbild $h^{-1}(J_{s,t}, s, t) \subset \partial\mathbb{E}$ werde mit $B_{s,t}$ bezeichnet. Es enthält den Punkt $\lambda(s) = g^{-1}(\psi(s), s)$, der auf den Anfangspunkt von $J_{s,t}$ abgebildet wird (Abbildung 3.1).

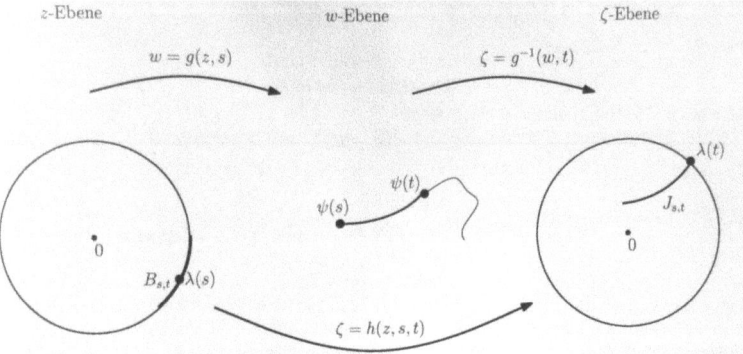

Abbildung 3.1: [Dur83]

Benutzt man nun Satz 1.5 bezogen auf $h(z, s, t)$, dann liegt der Bogen $J_{s,t}$ wegen Satz (3.17) außerhalb des offenen Kreises $|\zeta| < \frac{1}{4} e^{s-t}$. Wendet man jetzt hierauf das SCHWARZsche Spiegelungsprinzip (Satz 1.7) an, so kann man die Spiegelung $z \mapsto \bar{z}$ der reellen Achse durch die Spiegelung $z \mapsto 1/\bar{z}$ an $\partial\mathbb{E}$ ersetzen. Die holomorphe Fortsetzung von $h(z, s, t)$, die auch mit $h(z, s, t)$ bezeichnet wird, bildet $\mathbb{C} \setminus B_{s,t}$ biholomorph auf $\mathbb{C} \setminus (J_{s,t} \cup J_{s,t}^*)$ ab, wobei $J_{s,t}^*$ die an $\partial\mathbb{E}$ gespiegelte Kurve $J_{s,t}$ ist (Abbildung 3.2).

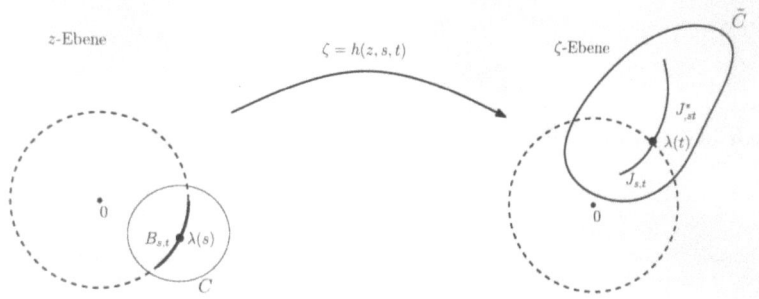

Abbildung 3.2: [Dur83]

Dabei liegt $J_{s,t}^*$ im Inneren des offenen Kreises $|\zeta| < 4\, e^{t-s}$. Durch die Spiegelungseigenschaft folgt:

$$\lim_{z \to \infty} \frac{h(z, s, t)}{z} = \lim_{z \to 0} \frac{z}{h(z, s, t)} = e^{t-s}$$

Nach dem Maximumprinzip folgt, dass überall im Komplement von $B_{s,t}$ gilt:

$$\left| \frac{h(z, s, t)}{z} \right| \leq 4\, e^{t-s}$$

Nun müssen wir die Stetigkeit von $\lambda(s)$ zeigen. Halten wir dafür $s \geq 0$ fest. Es gibt ein $\epsilon > 0$, so dass δ so klein ist, dass für alle t gilt $0 < t - s < \delta$. Der Bogen $B_{s,t}$ liegt innerhalb des Kreises C mit dem Mittelpunkt $\lambda(s)$ und dem Radius ϵ. Sei $\tilde{C}$ das Bild von C unter der erweiterten Abbildung $\zeta = h(z, s, t)$. Dann ist $\tilde{C}$ eine JORDAN-Kurve, die $J_{s,t}^* \cup J_{s,t}$ umrandet (Abbildung 3.2). Insbesondere liegt der Punkt $\lambda(t)$ innerhalb von $\tilde{C}$. Da $h(z, s, t)$ gegen z gleichmäßig konvergiert wenn t gegen s geht, hat die Kurve $\tilde{C}$ einen Durchmesser, der weniger als 3ϵ ist für alle t, die ausreichend nahe bei s liegen. So gilt für jeden Punkt $z_0 \in C$

$$|\lambda(s) - \lambda(t)| \leq |\lambda(s) - z_0| + |z_0 - h(z_0, s, t)| + |h(z_0, s, t) - \lambda(t)| \leq \epsilon + \epsilon + 3\epsilon = 5\epsilon$$

für alle $t > s$ ausreichend nahe bei s. Das beweist die rechtsseitige Stetigkeit von λ. Der linksseitige Beweis verläuft analog. Insgesamt ist λ also eine stetige Funktion. Es sei nun

$$\Phi(z) = \Phi(z, s, t) = \log \frac{h(z, s, t)}{z} \in \mathcal{O}(\mathbb{E})$$

der Hauptzweig des Logarithmus mit dem Wert $\Phi(z, s, 0) = s - t$. Für $z \in \partial\mathbb{E} \setminus B_{s,t}$ ist nach Konstruktion $\mathrm{Re}\left\{ \Phi(z, s, t) \right\} = 0$ während $\mathrm{Re}\left\{ \Phi(z, s, t) \right\} \leq 0$ für $z \in B_{s,t}$ gilt.
Nach der POISSON-Formel ergibt sich dann:

$$\Phi(z) = \frac{1}{2\pi} \int_\alpha^\beta \mathrm{Re}\left\{ \Phi(e^{i\varphi}) \right\} \frac{e^{i\varphi} + z}{e^{i\varphi} - z}\, \mathrm{d}\varphi \tag{3.18}$$

wenn $e^{i\alpha}$ und $e^{i\beta}$ Anfangs- und Endpunkt von $B_{s,t}$ darstellen. Also gilt

$$\Phi(0) = s - t = \frac{1}{2\pi} \int\limits_{\alpha}^{\beta} \mathrm{Re}\left\{\Phi(e^{i\varphi})\right\} \mathrm{d}\varphi. \tag{3.19}$$

Wegen der Identität

$$h(f(z,s),s,t) = f(z,t)$$

ergibt die Substitution von $f(z,s)$ für z in (3.18)

$$\log \frac{f(z,t)}{f(z,s)} = \frac{1}{2\pi} \int\limits_{\alpha}^{\beta} \mathrm{Re}\left\{\Phi(e^{i\varphi})\right\} \frac{e^{i\varphi} + f(z,s)}{e^{i\varphi} - f(z,s)} \, \mathrm{d}\varphi.$$

Jetzt wird der Mittelwertsatz einzeln auf Realteil und Imaginärteil angewandt:

$$\log \frac{f(z,t)}{f(z,s)} = \frac{1}{2\pi} \left(\mathrm{Re}\left\{ \frac{e^{i\sigma} + f(z,s)}{e^{i\sigma} - f(z,s)} \right\} + i \cdot \mathrm{Im}\left\{ \frac{e^{i\tau} + f(z,s)}{e^{i\tau} - f(z,s)} \right\} \right) \int\limits_{\alpha}^{\beta} \mathrm{Re}\left\{\Phi(e^{i\varphi})\right\} \mathrm{d}\varphi. \tag{3.20}$$

Dabei sind $e^{i\sigma}$ und $e^{i\tau}$ beliebige Punkte auf $B_{s,t}$. Mit (3.19) in (3.20) eingesetzt und anschließender Division durch $t - s$ mit dem Grenzübergang $t \to s, t > s$ folgt wegen $e^{i\alpha}$ und $e^{i\beta} \to \lambda(s)$ die Gleichung

$$\frac{\partial f(z,s)}{\partial s} = \frac{\lambda(s) + f(z,s)}{\lambda(s) - f(z,s)}.$$

Mit $\kappa = 1/\lambda$ folgt die Behauptung. $\qquad\qquad\qquad\qquad\qquad\qquad\qquad\qquad\qquad\qquad\qquad\square$

Korollar 3.1. *Sei $f \in S$ eine Schlitzabbildung mit $f(\mathbb{E}) = \mathbb{C} \setminus \Gamma$. Die zugehörige Löwnerkette $g(z,t)$ sei durch (3.13) erklärt. Dann erfüllt $g(z,t)$ die partielle Differentialgleichung*

$$\frac{\partial g}{\partial t} \left/ \left(z \cdot \frac{\partial g}{\partial z} \right) \right. = \frac{1 + \kappa(t)z}{1 - \kappa(t)z}$$

wobei $\kappa(t)$ eine stetige komplexwertige Funktion mit $|\kappa(t)| = 1$, $0 \le t < \infty$ ist. Es sei

$$p(z,t) = \frac{1 + \kappa(t)z}{1 - \kappa(t)z} \tag{3.21}$$

und damit $\mathrm{Re}\left\{p(z,t\right\} > 0$ für alle $z \in \mathbb{E}$, $t \ge 0$

Beweis. Es gilt $g(f(z,t),t) = f(z)$. Beide Seiten werden jetzt partiell nach t abgeleitet. Das ergibt mit $w = f(z,t)$:

$$\frac{\partial g}{\partial w}(w,t) \cdot \frac{\partial w}{\partial t} + \frac{\partial g}{\partial t}(w,t)\bigg|_{w=f(z,t)} = 0 \text{ für alle } w = f(z,t) \in \mathbb{E}.$$

(3.14) für $\dfrac{\partial w}{\partial t}$ eingesetzt folgt:

$$-\frac{\partial g}{\partial w}(w,t) \cdot w \, \frac{1 + \kappa(t)w}{1 - \kappa(t)w} + \frac{\partial g}{\partial t}(w,t) = 0.$$

Umbenennen: $w \to z \Rightarrow$

$$p(z,t) = \frac{\partial g(z,t)/\partial t}{z \cdot \partial g(z,t)/\partial z} = \frac{1 + \kappa(t)z}{1 - \kappa(t)z}.$$

Es ist noch zu zeigen $\mathrm{Re}\{p(z,t)\} > 0$. Mit $\mathrm{Re}\{p(z,t)\} = \dfrac{1}{2}\left(p(z,t) + \overline{p(z,t)}\right)$ folgt

$$\frac{1}{2}\left(p(z,t) + \overline{p(z,t)}\right) \overset{(3.21)}{=} \frac{1}{2}\left(\frac{1 + \kappa(t)z}{1 - \kappa(t)z} + \frac{1 + \overline{\kappa(t)z}}{1 - \overline{\kappa(t)z}}\right)$$

$$= \frac{1}{2}\frac{(1 + \kappa(t)z)(1 - \overline{\kappa(t)z}) + (1 + \overline{\kappa(t)z})(1 - \kappa(t)z)}{|1 - \kappa(t)z|^2}$$

$$= \frac{1 - |\kappa(t)|^2|z|^2}{|1 - \kappa(t)z|^2} = \frac{1 - |z|^2}{|1 - \kappa(t)z|^2} > 0,$$

da $|z| < 1$ und $|\kappa(t)| = 1$ ist. $\qquad\qquad\qquad\square$

3.3 Beweis durch Weinstein

Im folgenden Abschnitt wird der Beweis der MILIN-Vermutung durch eine Methode vorgestellt, die erstmals WEINSTEIN 1989 benutzte. **Ansatz.** Es sei $f(z) = z + \sum\limits_{n=2}^{\infty} a_n\, z^n \in S$ eine schlichte Funktion deren Bild ein Schlitzgebiet im Sinne von Satz 1.2 sei. Benutzt wird die Existenz einer Familie von schlichten Funktionen

$$g(z,t) = g(t,z) \text{ für } z \in \mathbb{E},\ t \geq 0$$

im Sinne der LÖWNER-Theorie (Kapitel 3.2).

(I) $g_0 = g(0,z) = f(z) = f$;

(II) $g(t,z) = e^t z + \sum\limits_{k=2}^{\infty} a_k(t)\, z^k$;

(III) $\log \dfrac{g(z,t)}{e^t z} = \sum\limits_{k=1}^{\infty} \alpha_k(t)\, z^k$ mit $\alpha_k(\infty) = \lim\limits_{t\to\infty} \alpha_k(t) = \dfrac{2}{k}$ für alle $k \in \mathbb{N}$;

(IV) $\operatorname{Re}\{p(z,t)\} > 0$ für alle t und z, wobei $p(z,t) = \dfrac{\partial g(z,t)}{\partial t} \Big/ \left(z \cdot \dfrac{\partial g(z,t)}{\partial z} \right)$.

WEINSTEINS Beweis basiert auf der Konstruktion einer Funktionenfamilie $g_n(t) \geq 0$ so, dass

$$\sum_{n=1}^{\infty} \sum_{k=1}^{n} (n-k+1)\left(\frac{4}{k} - k|\alpha_k|^2\right) z^{n+1} = \sum_{n=1}^{\infty} \left(\int_0^{\infty} g_n(t)\, \mathrm{d}t\right) z^{n+1} \tag{3.22}$$

gilt. Diese Darstellung hat dann unmittelbar die Gültigkeit der MILIN-Vermutung zur Folge. Benutzt wird hier eine Familie schlichter Funktionen $w = w(z,t)$ auf $\mathbb{E}$, deren Bild eine geschlitzte Einheitskreisscheibe ist. Die Konstruktion entspricht derjenigen, die in der LÖWNER-Theorie behandelt wurde. Diese Familie wird jetzt auf die KOEBE-Funktion selbst angewendet wobei $w(z,t) = k^{-1}(e^{-t}k(z))$ ist. Die Familie wird dann beschrieben durch:

$$k(w(t,z)) = e^{-t}k(z),\ \text{mit } w(0,z) = z \tag{3.23}$$

$$e^t \frac{w}{(1-w)^2} = \frac{z}{(1-z)^2},\ z \in \mathbb{E},\ t \geq 0. \tag{3.24}$$

(3.23) wird nun auf beiden Seiten partiell nach t abgeleitet.

$$\frac{\partial k(w(t,z))}{\partial t} = \frac{\partial}{\partial t}\left(\frac{w}{(1-w)^2}\right) = \frac{\dot{w}(1-w)^2 + 2w(1-w)\dot{w}}{(1-w)^4} = \dot{w}\frac{1+w}{(1-w)^3}$$

$$\frac{\partial}{\partial t}\left(e^{-t}k(z)\right) = -e^{-t}k(z) = -\frac{w}{(1-w)^2}$$

$$\dot{w}\frac{1+w}{(1-w)^3} = -\frac{w}{(1-w)^2} \Leftrightarrow \dot{w} = -w\frac{1-w}{1+w} \tag{3.25}$$

Auf die linke Seite von (3.22) wird nun die CAUCHY-Produktformel (Definition 1.1) angewendet.

$$\sum_{k=1}^{\infty} \left(\frac{4}{k} - k|\alpha_k|^2 \right) z^k \cdot \underbrace{\sum_{j=1}^{\infty} j z^j}_{\text{KOEBE}-Funktion} = \frac{z}{(1-z^2)} \sum_{k=1}^{\infty} \left(\frac{4}{k} - k|\alpha_k|^2 \right) z^k := \Psi(z).$$

Mit dem Hauptsatz der Differential- und Integralrechnung , wegen (III) und da $w(z,0) = z$, kann $\Psi(z)$ umgeformt werden zu

$$\Psi(z) = -\int_0^{\infty} \frac{z}{(1-z)^2} \frac{\partial}{\partial t} \left(\sum_{k=1}^{\infty} \left(\frac{4}{k} - k|\alpha_k(t)|^2 \right) w^k \right) dt$$

$$\overset{(3.24)}{=} -\int_0^{\infty} \frac{e^t w}{(1-w)^2} \frac{\partial}{\partial t} \left(\sum_{k=1}^{\infty} \left(\frac{4}{k} - k|\alpha_k(t)|^2 \right) w^k \right) dt$$

$$= -\int_0^{\infty} \frac{e^t w}{(1-w)^2} \sum_{k=1}^{\infty} \left(\frac{d}{dt} \left(k|\alpha_k(t)|^2 \right) + \left(\frac{4}{k} - k|\alpha_k(t)|^2 \right) k w^{-1} \frac{\partial w}{\partial t} \right) w^k \, dt.$$

Wegen der kompakten Konvergenz der Summe, kann die partielle Ableitung nach t in die Summe gezogen werden.
Mit (3.25) und $\dot{w} = \dfrac{\partial w}{\partial t}$ folgt:

$$\Psi(z) = \int_0^{\infty} \frac{e^t w}{(1-w)^2} \left(\sum_{k=1}^{\infty} \frac{d}{dt} \left(k|\alpha_k(t)|^2 \right) + \left(4 - k^2|\alpha_k(t)|^2 \right) \frac{1-w}{1+w} \right) w^k \, dt. \tag{3.26}$$

Mit dem Entwicklungslemma 1.2, (III) und $\xi = r \cdot e^{i\phi}$ für $0 < r < 1$,
$d\xi = i r e^{i\phi} \, d\phi = i\xi \, d\phi$ folgt für die Berechnung der Taylor-Koeffizienten $\alpha_k(t)$:

$$\alpha_k(t) = \frac{1}{2\pi i} \int_{|\xi|=r} \frac{\log\left(\dfrac{g(\xi,t)}{e^t \xi} \right)}{\xi^{k+1}} \, d\xi.$$

Nun wird $\alpha_k(t)$ nach t abgeleitet.

$$\dot{\alpha}_k(t) = \frac{1}{2\pi i} \int_0^{2\pi} \frac{\partial}{\partial t} \log\left(\frac{g(\xi,t)}{e^t \xi} \right) \frac{1}{\xi^{k+1}} i\xi \, d\phi = \frac{1}{2\pi} \int_0^{2\pi} \frac{\partial}{\partial t} \log\left(\frac{g(\xi,t)}{e^t \xi} \right) \frac{1}{\xi^k} \, d\phi$$

$$\frac{\partial}{\partial t} \log\left(\frac{g(\xi,t)}{e^t \xi} \right) = \frac{e^t \xi}{g(\xi,t)} \cdot \frac{\dfrac{\partial g(\xi,t)}{\partial t} \cdot \xi \cdot e^t - g(\xi,t) \cdot \xi \cdot e^t}{\xi^2 \cdot e^{2t}} = \frac{\partial g(\xi,t)}{\partial t} \cdot \frac{1}{g(\xi,t)} - 1 = \frac{\dot{g}(\xi,t)}{g(\xi,t)} - 1$$

Wen man das Ergebnis für $\dfrac{\partial}{\partial t} \log\left(\dfrac{g(\xi,t)}{e^t \xi}\right)$ im Integral ersetzt, kann die Konstante -1 weggelassen werden, da $\dfrac{1}{2\pi i} \displaystyle\int\limits_{|\xi|=r} \dfrac{1}{\xi^{k+1}}\,\mathrm{d}\xi = 0 \ \forall k \in \mathbb{N}$ ist. Damit gilt

$$\dot{\alpha}_k(t) = \frac{1}{2\pi i}\int\limits_0^{2\pi} \frac{\dot{g}(\xi,t)}{g(\xi,t)}\xi^{-k}\,\mathrm{d}\phi = \lim_{r\to 1}\frac{1}{2\pi i}\int\limits_0^{2\pi} \frac{\dot{g}(\xi,t)}{g(\xi,t)}\overline{\xi}^{\,k}\,\mathrm{d}\phi \tag{3.27}$$

da das Integral unabhängig von $r \in (0,1)$ ist und es gilt $\overline{\xi}^{\,k}\cdot \xi^k = 1 \Leftrightarrow \overline{\xi}^{\,k} = \dfrac{1}{\xi^k} = \xi^{-k}$ für $r=1$.

Da $|\alpha_k(t)|^2 = \alpha_k(t)\cdot \overline{\alpha_k(t)}$, wird die Ableitung der linken Seite zu (Produktregel):

$$\frac{\mathrm{d}}{\mathrm{d}t}|\alpha_k(t)|^2 = \dot{\alpha}_k(t)\overline{\alpha_k(t)} + \dot{\overline{\alpha}}_k(t)\alpha_k(t) \tag{3.28}$$

(3.28) sowie (3.27) werden nun in (3.26) eingesetzt. Der Term $\dfrac{1-w}{1+w}$ wird dabei ausgeklammert. Daraus folgt:

$$\Psi(z) = \int\limits_0^{\infty} \frac{e^t w}{(1-w)^2}\left(\frac{1-w}{1+w}\left(1 + \sum_{k=1}^{\infty} \lim_{r\to 1}\frac{1}{2\pi i}\int\limits_0^{2\pi}\frac{\dot{g}(\xi,t)}{g(\xi,t)}\,k\,\overline{\alpha_k(t)}\,\overline{\xi}^{\,k}\,\mathrm{d}\phi\right)w^k\right.$$

$$+\frac{1-w}{1+w}\left(1+\sum_{k=1}^{\infty}\left(\lim_{r\to 1}\frac{1}{2\pi i}\int\limits_0^{2\pi}\frac{\dot{g}(\xi,t)}{g(\xi,t)}\,k\,\overline{\alpha_k(t)}\,\overline{\xi}^{\,k}\,\mathrm{d}\phi\right)w^k\right)$$

$$\left.-2\frac{1-w}{1+w}+\frac{4}{1+w}-\sum_{k=1}^{\infty}k^2|\alpha_k(t)|^2 w^k\right)\mathrm{d}t.$$

Ausmultiplizieren der Klammern in der Summe von (3.26) und mit $\displaystyle\sum_{k=1}^{\infty}4w^k = 4w\sum_{k=0}^{\infty}w^k =$
$\dfrac{4w}{1-w}$ folgt das obige Ergebnis. Da $\dfrac{1-w}{1+w} = 1 + \dfrac{2w}{1-w} = 1 + \displaystyle\sum_{k=1}^{\infty}2w^k$, wird $\Psi(z)$ durch

Einsetzen in die obige Gleichung zu:

$$\Psi(z) = \int\limits_0^{\infty}\frac{e^t w}{1-w^2}\left(\left(1+\sum_{k=1}^{\infty}2w^k\right)\left(1+\sum_{k=1}^{\infty}\left(\lim_{r\to 1}\frac{1}{2\pi i}\int\limits_0^{2\pi}\frac{\dot{g}(\xi,t)}{g(\xi,t)}\,k\,\overline{\alpha_k(t)}\,\overline{\xi}^{\,k}\,\mathrm{d}\phi\right)w^k\right)\right.$$

$$+\left(1+\sum_{k=1}^{\infty}2w^k\right)\left(1+\sum_{k=1}^{\infty}\left(\lim_{r\to 1}\frac{1}{2\pi i}\int\limits_0^{2\pi}\frac{\dot{g}(\xi,t)}{g(\xi,t)}\,k\,\alpha_k(t)\,\xi^{\,k}\,\mathrm{d}\phi\right)w^k\right)$$

$$\left.-2-\sum_{k=1}^{\infty}k^2|\alpha_k|^2 w^k\right)\mathrm{d}t.$$

Ausmultiplizieren der Klammern unter Benutzung der CAUCHY-Produktformel 1.1 ergibt:

$$\Psi(z) = \int\limits_0^\infty \frac{e^t w}{1-w^2} \left(\left(1 + \sum_{k=1}^\infty \left(\lim_{r\to 1} \frac{1}{2\pi i} \int\limits_0^{2\pi} \frac{\dot{g}(\xi,t)}{g(\xi,t)} \left(2 + 2\sum_{j=1}^k k\, \overline{\alpha_k(t)}\, \overline{\xi}^{-k} \right) d\phi \right) w^k \right) \right.$$

$$+ \left(1 + \sum_{k=1}^\infty \left(\lim_{r\to 1} \frac{1}{2\pi i} \int\limits_0^{2\pi} \overline{\frac{\dot{g}(\xi,t)}{g(\xi,t)}} \left(2 + 2\sum_{j=1}^k k\, \alpha_k(t)\, \xi^{k} \right) d\phi \right) w^k \right)$$

$$\left. - 2 - \sum_{k=1}^\infty k^2 |\alpha_k|^2 w^k \right) dt.$$

Nun wird (III) für $z = \xi$ auf beiden Seiten partiell nach ξ abgeleitet.

$$\frac{\partial}{\partial \xi} \left(\log \frac{g(\xi,t)}{e^t \xi} \right) = \frac{e^t \xi}{g(\xi,t)} \cdot \frac{g_t'(\xi)\,\xi e^t - e^t\, g(\xi,t)}{\xi^2\, e^{2t}} = \frac{g_t'(\xi)}{g(\xi,t)} - \frac{1}{\xi}$$

$$\frac{d}{d\xi} \sum_{j=1}^\infty \alpha_j(t)\, \xi^j = \sum_{j=1}^\infty \alpha_j(t)\, \xi^{j-1} \cdot j \;\Rightarrow\; \frac{g_t'(\xi)}{g(\xi,t)} = \frac{1}{\xi} \left(1 + \sum_{j=1}^\infty \alpha_j(t)\, \xi^j \cdot j \right).$$

Das Ergebnis wird jetzt in (IV) (siehe auch Korollar 3.1) eingesetzt:

$$\dot{g}(\xi) = \frac{\partial g(\xi,t)}{\partial t} = g(\xi,t) \cdot p(\xi,t) \cdot \xi \cdot \frac{1}{\xi} \left(1 + \sum_{j=1}^\infty j\, \alpha_j(t)\xi^j \right) = g(\xi,t) \cdot p(\xi,t) \left(1 + \sum_{j=1}^\infty j\, \alpha_j(t)\xi^j \right).$$

In die Gleichung für $\Psi(z)$ eingesetzt ergibt das

$$\Psi(z) = \int\limits_0^\infty \frac{e^t w}{1-w^2} \cdot$$

$$\left(\left(\sum_{k=1}^\infty \left(\lim_{r\to 1} \frac{1}{2\pi i} \int\limits_0^{2\pi} p(\xi,t) \left(1 + \sum_{j=1}^\infty j\, \alpha_j(t)\xi^j \right) \left(2 + 2\sum_{j=1}^{k-1} k\, \overline{\alpha_k(t)}\, \overline{\xi}^{-k} \right) d\phi \right) w^k \right) \right.$$

$$\underbrace{}_{(*)}$$

$$+ \left(\sum_{k=1}^\infty \left(\lim_{r\to 1} \frac{1}{2\pi i} \int\limits_0^{2\pi} \overline{p(\xi,t)} \left(1 + \sum_{j=1}^\infty j\, \overline{\alpha_j(t)}\overline{\xi}^{j} \right) \left(2 + 2\sum_{j=1}^{k-1} k\, \alpha_k(t)\, \xi^{k} \right) d\phi \right) w^k \right)$$

$$\left. - \sum_{k=1}^\infty k^2 |\alpha_k|^2 w^k \right) dt.$$

$$(3.29)$$

Sehen wir uns den Term (*) über der geschweiften Klammer von (3.29) einmal genauer an. Der Übergang zur endlichen Summe gilt wegen der Holomorphie von $p(\xi, t)$ in ξ wegen des CAUCHYschen Integralsatzes. Daraus folgt dann:

$$(*) = \lim_{r \to 1} \frac{1}{2\pi} \int\limits_{|\xi|=r} \frac{p(\xi,t)}{2} \left(2 + 2\sum_{j=1}^{k} j\, \alpha_j(t)\xi^j \right) \left(2 + 2\sum_{j=1}^{k} \overline{\alpha_j(t)}\, \xi^{-j} - k\,\overline{\alpha_k(t)}\, \xi^{-k} \right) \frac{\mathrm{d}\xi}{i\xi} \quad (3.30)$$

Da das Integral unabhängig von $r \in (0,1)$ ist, kann für $r = 1$ wieder $\overline{\xi}^k = \xi^{-k}$ gesetzt werden. Es ist

$$\lim_{r \to 1} \frac{1}{2\pi i} \int\limits_{|\xi|=r} \frac{p(\xi,t)}{2} \left(k\,\alpha_k(t)\xi^k \right) \left(k\,\overline{\alpha_k(t)}\xi^{-k} \right) \frac{\mathrm{d}\xi}{\xi} = \frac{1}{2} k^2 |\alpha_k(t)|^2.$$

Da

$$p(\xi, t) \cdot \frac{1}{\xi} = \frac{1}{\xi} \cdot \frac{1 + \kappa(t)\xi}{1 - \kappa(t)\xi} = \frac{1}{\xi} + \frac{2\kappa(t)}{1 - \kappa(t)\xi}$$

ist, ergibt

$$\lim_{r \to 1} \frac{1}{2\pi i} \int\limits_{|\xi|=r} p(\xi,t) \cdot \frac{1}{\xi}\, \mathrm{d}\xi = 1 \text{ , da } \frac{2\kappa(t)}{1 - \kappa(t)\xi} \text{ holomorph in } \mathbb{E} \text{ ist.}$$

Also kann (3.30) umgeformt werden zu

$$(*) = \lim_{r \to 1} \frac{1}{2\pi} \int\limits_{|\xi|=r} \frac{p(\xi,t)}{2} \left(2 + 2\sum_{j=1}^{k} \alpha_j(t)\, \xi^j - k\alpha_k(t)\, \xi^k \right) \left(2 + 2\sum_{j=1}^{k} \overline{\alpha_j(t)}\, \xi^{-j} - k\,\overline{\alpha_k(t)}\, \xi^{-k} \right) \frac{\mathrm{d}\xi}{i\xi}$$

$$+ \frac{1}{2} k^2 |\alpha_k(t)|^2.$$

Analog wird der konjugiert komplexe Term umgeformt. Zusammengefasst fällt dann die Summe $\sum\limits_{k=1}^{\infty} k^2 |\alpha_k|^2 w^k$ in der Gleichung (3.29) weg. Daraus ergibt sich schließlich:

$$\Psi(z) = \int\limits_0^{\infty} \frac{e^t w}{1 - w^2} \cdot \left(\sum_{k=1}^{\infty} \left(\lim_{r \to 1} \frac{1}{2\pi} \int\limits_0^{2\pi} \mathrm{Re}\,(p(\xi,t)) \left| 2 + 2\sum_{j=1}^{k} \alpha_j(t)\, \xi^j - k\,\alpha_k(t)\, \xi^k \right|^2 \mathrm{d}\phi \right) w^k \right) \mathrm{d}t$$

Der Ausdruck in der inneren Klammer wird $A_k(t)$ genannt. Daraus wird dann:

$$\Psi(z) = \int\limits_0^{\infty} \frac{e^t w}{1 - w^2} \sum_{k=1}^{\infty} A_k\, w^k\, \mathrm{d}t = \int\limits_0^{\infty} \sum_{k=1}^{\infty} \frac{e^t w^{k+1}}{1 - w^2} \cdot A_k$$

Wie man leicht sieht, sind alle $A_k(t) \geq 0$ ($\mathrm{Re}\,(p\,(\xi,t)) > 0$ wurde ja schon in Korollar 3.1 gezeigt). Setzt man nun noch

$$\frac{e^t w^{k+1}}{1 - w^2} = \sum_{n=k}^{\infty} \Lambda_k^n(t) z^{n+1} \text{ mit } k = 0, \ldots, n,\ t \geq 0 \quad (3.31)$$

dann folgt für $\Psi(z)$:

$$\Psi(z) = \sum_{n=1}^{\infty} \left(\int_0^{\infty} \sum_{k=1}^{\infty} \Lambda_k^n(t) A_k(t)\,\mathrm{d}t \right) z^{n+1}$$

Somit setzen wir die Funktionenfamilie $g_n(t)$ zu

$$g_n(t) := \sum_{k=1}^{\infty} \Lambda_k^n(t) A_k(t).$$

Die MILIN-Vermutung ist dann bewiesen, wenn

$$\Lambda_k^n(t) \geq 0, \ (t \geq 0, \ n \in \mathbb{N}_0, \ 0 \leq k \leq n),$$

denn dann gilt auch

$$\sum_{k=1}^{n} \left(\frac{4}{k} - k\,|\alpha_k|^2 \right)(n - k + 1) = \int_0^{\infty} \sum_{k=1}^{\infty} \Lambda_k^n(t) A_k(t)\,\mathrm{d}t \geq 0.$$

Die Funktionen $\Lambda_k^n(t)$ sind allein durch die KOEBE-Funktion definiert und insbesondere unabhängig von der gewählten schlichten Funktion $f \in S$.
Zusammen mit $A_k(t) \geq 0$ liefert $\Lambda_k^n(t) \geq 0$, dass für alle n die Ungleichung $g_n(t) \geq 0$ gilt, so dass mit (3.22) die MILIN-Vermutung folgen wird. Im nächsten Kapitel geben wir durch Koeffizientenvergleich eine Darstellung für $\Lambda_k^n(t)$ an und zeigen $\Lambda_k^n(t) \geq 0$.

3.3.1 Beweis $\Lambda_k^n(t) \geq 0$

Betrachtet man das Bildgebiet $w = k^{-1}(e^{-t} \cdot k(z))$, dann ist dies eine mit wachsendem t radial geschlitzte Einheitskreisscheibe mit wachsendem Schlitz (Abbildung 3.3). Sei

$$h_\gamma(z) = \frac{z}{1 - 2z\cos\gamma + z^2}, \ \gamma \in \mathbb{R}$$

eine Schlitzabbildung. Betrachtet man $h_\gamma(\mathbb{E})$ für $\gamma \neq \pi\mathbb{Z}$, dann bildet h_γ die Einheitskreisscheibe auf eine mit zwei auf der reellen Achse liegenden Schlitzen versehene Ebene ab.

$$\mathbb{C} \setminus \left\{ \left(-\infty, \frac{1}{-2(1+\cos\gamma)} \right] \cup \left[\frac{1}{2(1+\cos\gamma)}, \infty \right) \right\}$$

h_γ ist dann Element S und injektiv, da $h_\gamma(0) = 0$ und $h_\gamma'(0) = 1$.
w kann dann wieder als Verkettung zweier Funktionen $w = h_\theta^{-1} \circ (e^{-t} \cdot h_\gamma)$ mit geeigneten (γ, θ) aufgefasst werden.

Lemma 3.4. *Es gilt die Beziehung zwischen γ und θ durch*

$$\cos\gamma = (1 - e^{-t}) + e^{-t}\cos\theta.$$

Beweis. Man berechnet zuerst $k^{-1}(e^{-t}k(z))$ (Verkettung mir der Umkehrfunktion der KOEBE-Funktion). Dies ergibt:

$$w(t, z) = k^{-1}(e^{-t}k(z)) = 1 + \frac{e^t(1-z)^2}{2z} - \sqrt{\left(1 + \frac{e^t(1-z)^2}{2z} \right)^2 - 1}. \tag{3.32}$$

Dabei lautet die Umkehrfunktion der KOEBE-Funktion

$$k^{-1}(z) = 1 + \frac{1}{2z} - \sqrt{\left(1 + \frac{1}{2z}\right)^2 - 1}$$

Im nächsten Schritt setzt man dann für z den Term $e^{-t} \cdot \dfrac{z}{(1-z)^2}$ ein und erhält (3.32). Damit ist auch

$$\lim_{t \to \infty} w(t,z) = 0 \text{ und } w(0,z) = z \text{ in (3.32) gewährleistet.}(*)$$

Nun wird $w(t,z) = h_\theta^{-1}\left(e^{-t} \cdot h_\gamma(z)\right)$ berechnet. (Abbildung 3.3)

$$w(t,z) = \cos\theta + \frac{e^t(1 - 2z\cos\gamma + z^2)}{2z} - \sqrt{\left(\cos\theta + \frac{e^t(1 - 2z\cos\gamma + z^2)}{2z}\right)^2 - 1} \qquad (3.33)$$

$(*)$ muss hier ebenfalls gelten. Koeffizientenvergleich von (3.32) und (3.33) ergibt:

$$\frac{2z\cos\theta + e^t(1 - 2z\cos\gamma + z^2)}{2z} = \frac{2z + e^t(1-z)^2}{2z}$$

$$\Leftrightarrow 2z\cos\theta + e^t - 2ze^t\cos\gamma + e^t z^2 = 2z + e^t - 2ze^t + e^t z^2$$

$$\Leftrightarrow \cos\gamma = (1 - e^{-t}) + e^{-t}\cos\theta \qquad (3.34)$$

$\square$

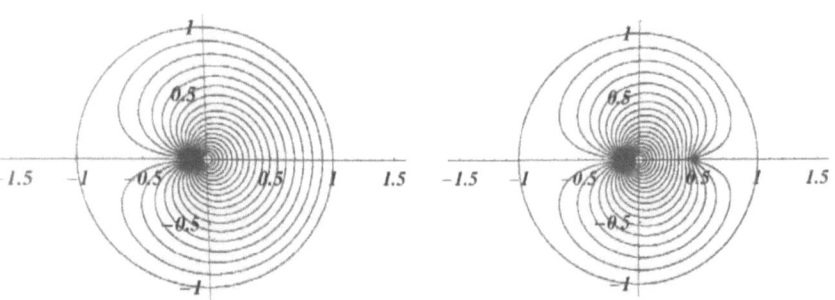

Abbildung 3.3: Beschränkte Löwnerkette der KOEBE-Funktion bzw. der Funktion $h_\theta^{-1}\left(e^{-t} \cdot h_\gamma(z)\right)$[Koe09].

Wir erhalten dann mit $h_\gamma(z) = e^t \cdot h_\theta(w)$:

$$h_\gamma(z) = \frac{we^t}{1-w^2}\left(\frac{1-w^2}{1-2w\cos\theta+w^2}\right) = \frac{we^t}{1-w^2}\operatorname{Re}\left\{\frac{1+we^{i\theta}}{1-we^{i\theta}}\right\}$$

$$= \frac{we^t}{1-w^2}\operatorname{Re}\left\{1+\frac{2we^{i\theta}}{1-we^{i\theta}}\right\} = \frac{we^t}{1-w^2}\operatorname{Re}\left\{1+2we^{i\theta}\cdot\sum_{k=0}^\infty e^{ik\theta}\,w^k\right\}$$

$$= \frac{we^t}{1-w^2}\operatorname{Re}\left\{1+2\sum_{k=0}^\infty e^{i(k+1)\theta}\,w^{k+1}\right\} = \frac{we^t}{1-w^2}\left(1+2\sum_{k=1}^\infty \cos(k\theta)\,w^k\right)$$

$$= \frac{we^t}{1-w^2}+2\sum_{k=1}^\infty \frac{w^{k+1}e^t}{1-w^2}\cos(k\theta) \quad \text{(3.31) eingesetzt ergibt dann}$$

$$= \sum_{n=0}^\infty \Lambda_0^n(t)z^{n+1}+2\sum_{k=1}^\infty\left(\sum_{n=k}^\infty \Lambda_k^n(t)z^{n+1}\right)\cos(k\theta)$$

$$= \sum_{n=0}^\infty\left(\Lambda_0^n(t)+2\sum_{k=1}^n \Lambda_k^n(t)\cos(k\theta)\right)z^{n+1},\ 0\le k\le n,\ w=w(z,t). \tag{3.35}$$

Mit etwas Geschick wird die Funktion $h_\gamma(z)$ umgeformt.

$$h_\gamma(z) = \frac{z}{1-2z\cos\gamma+z^2} = \frac{z}{(1-ze^{-i\gamma})(1-ze^{i\gamma})}.$$

Jeder Faktor wird jetzt als geometrische Reihe geschrieben.

$$h_\gamma(z) = z\cdot\left(\sum_{n=0}^\infty e^{-in\gamma}z^n\cdot\sum_{n=0}^\infty e^{in\gamma}z^n\right) \quad \text{mit {\sc Cauchy}-Produktformel folgt}$$

$$= \sum_{n=0}^\infty\sum_{k=0}^n e^{-ik\gamma}e^{i(n-k)\gamma}z^{n+1} = \sum_{n=0}^\infty e^{in\gamma}\sum_{k=0}^n e^{-2ik\gamma}z^{n+1}.$$

Wendet man die geometrische Summenformel $\sum_{k=0}^n q^k = \frac{1-q^{n+1}}{1-q}$, $|q|<1$ auf die zweite Summe an, folgt

$$h_\gamma(z) = \sum_{n=0}^\infty e^{in\gamma}\left(\frac{1-e^{-2i(n+1)\gamma}}{1-e^{-2i\gamma}}\right)z^{n+1} = \sum_{n=0}^\infty e^{i(n+1)\gamma}\left(\frac{1-e^{-2i(n+1)\gamma}}{e^{i\gamma}-e^{-i\gamma}}\right)z^{n+1} \tag{3.36}$$

$$= \sum_{n=0}^\infty\frac{e^{i(n+1)\gamma}-e^{-i(n+1)\gamma}}{e^{i\gamma}-e^{-i\gamma}}z^{n+1} = \sum_{n=0}^\infty\frac{\sin(n+1)\gamma}{\sin\gamma}z^{n+1}. \tag{3.37}$$

Wenn wir jetzt einen Vergleich mit (3.35) machen, bekommen wir die Identität

$$\frac{\sin(n+1)\gamma}{\sin\gamma} = \Lambda_0^n(t)+2\sum_{k=1}^n \Lambda_k^n(t)\cos(k\theta).$$

Lemma 3.5. *Es ist* $U_n(\cos\gamma) = \dfrac{\sin(n+1)\gamma}{\sin\gamma}$, *wobei die* U_n CHEBYCHEV-*Polynome 2. Art sind (siehe Definition 1.6).*

Beweis. Wir benutzen die Definition 1.6 und setzen $x = \cos\gamma$ ein, dann ergibt sich

$$\frac{1}{2} \cdot \frac{(\cos\gamma + i\sqrt{1-\cos^2\gamma})^{n+1} + (\cos\gamma - i\sqrt{1-\cos^2\gamma})^{n+1}}{i\sqrt{1-\cos^2\gamma}} = \frac{e^{i(n+1)\gamma} - e^{-i(n+1)\gamma}}{2i\sin\gamma} = \frac{\sin(n+1)\gamma}{\sin\gamma}.$$

$\square$

Lemma 3.6. *Die* CHEBYCHEV-*Polynome 2. Art sind ein Sonderfall der* GEGENBAUER-*Polynome (siehe Definition 1.5). Es gilt* $U_n(\cos\theta) = C_n^1(\cos\theta)$.

Beweis. Setze $\lambda = 1 \Rightarrow \alpha = \beta = 1/2$. Da die CHEBYCHEV-Polynome 2. Art auch ein Sonderfall der JACOBI-Polynome für $\alpha = \beta = 1/2$ sind, haben beide die gleiche erzeugende Funktion. Siehe [AS64, (22.3.16), (22.5.34)]. $\square$

Lemma 3.7. *Die* LEGENDRE-*Polynome* P_n *sind ein Sonderfall der* GEGENBAUER-*Polynome* $C_n^{1/2}$.

Beweis. Setze $\lambda = 1/2 \Rightarrow \alpha = \beta = 0$ in Definition 1.4 ein. Die erzeugende Funktion ist identisch mit Definition 1.7. $\square$

Damit gilt die Gleichung

$$U_n((1-e^{-t}) + e^{-t}\cos\theta) = C_n^1((1-e^{-t}) + e^{-t}\cos\theta) = \Lambda_0^n(t) + 2\sum_{k=1}^{n}\Lambda_k^n(t)\cos(k\theta). \qquad (3.38)$$

Nun müssen wir einen Ausdruck für $C_n^1((1-e^{-t}) + e^{-t}\cos\theta)$ finden. Substituieren wir $1 - e^{-t} = x = y$ und $\zeta = \cos\theta$. Damit wird

$$C_n^1((1-e^{-t}) + e^{-t}\cos\theta) = C_n^1(xy + \sqrt{1-x^2}\sqrt{1-y^2}\,\zeta).$$

Diese Funktion ist eine Funktion der Variablen ζ und ein Polynom von Grad n. Dieser Ausdruck kann als als Reihe von GEGENBAUER-Polynomen entwickelt werden. Da gerade $C_j^{1/2}(\zeta) = P_j(\zeta)$ ist, bietet es sich an die Reihe als LEGENDRE-Polynome zu entwickeln [AS64, (22.5.36)].

$$C_n^1(xy + \sqrt{1-x^2}\sqrt{1-y^2}\,\zeta) = \sum_{m=0}^{n} A_m^n(x,y)\,C_j^{1/2}(\zeta) \qquad (3.39)$$

Auch die GEGENBAUER-Polynome besitzen die Orthogonalitätseigenschaft in $[-1,1]$.

$$\int_{-1}^{1} C_j^{1/2}(\zeta)\,C_m^{1/2}(\zeta)\,\mathrm{d}\zeta = \begin{cases} \frac{2}{2j+1}, & \text{wenn } j = m \\ 0, & \text{sonst} \end{cases}.$$

Multipliziert man (3.39) auf beiden Seiten mit $C_j^{1/2}(\zeta)$ und integriert von $\zeta = -1$ bis $\zeta = 1$ bekommt man

$$A_j^n(x,y) = \frac{2j+1}{2} \int_{-1}^{1} C_n^1(xy + \sqrt{1-x^2}\sqrt{1-y^2}\,\zeta)C_j^{1/2}(\zeta) \atop \mathrm{d}\zeta. \qquad (3.40)$$

Um den Faktor $C_j^{1/2}(\zeta)$ zu eliminieren benutzen wir die Identität

$$\int_{-1}^{1} f(\zeta) C_j^{\lambda}(\zeta) (1-\zeta^2)^{\lambda-1/2} \, \mathrm{d}\zeta = \frac{2^j \, \Gamma(j+\lambda)\Gamma(j+2\lambda)}{j! \, \Gamma(\lambda)\Gamma(2j+2\lambda)} \int_{-1}^{1} f^{(j)}(\zeta) (1-\zeta^2)^{\lambda+j-1/2} \, \mathrm{d}\zeta \quad (3.41)$$

wobei $f(\zeta) = C_n^1(xy + \sqrt{1-x^2}\sqrt{1-y^2}\,\zeta)$. Diese Gleichung kann iterativ durch partielle Integration hergeleitet werden [Hua63, Chapter VII, S. 140]. Unter Verwendung der Verdopplungsformel der Gammafunktion $\left(\Gamma(2z) = \frac{2^{2z}}{2\sqrt{\pi}}\Gamma(z)\Gamma(z+1/2),\ z \in \mathbb{C}\right)$ und $\lambda = 1/2$ folgt daraus

$$\int_{-1}^{1} C_n^1(xy + \sqrt{1-x^2}\sqrt{1-y^2}\,\zeta) C_j^{1/2}(\zeta) \, \mathrm{d}\zeta = \frac{1}{2^j j!} \int_{-1}^{1} (1-\zeta^2)^j \frac{\mathrm{d}^j}{\mathrm{d}\zeta^j} C_n^1(xy + \sqrt{1-x^2}\sqrt{1-y^2}\,\zeta) \, \mathrm{d}\zeta.$$

$$(3.42)$$

Lemma 3.8. *Die Formel der j-ten Ableitung von $C_n^{\nu}(xy + \sqrt{1-x^2}\sqrt{1-y^2}\,\zeta)$ nach ζ berechnet sich zu*

$$\frac{\mathrm{d}^j}{\mathrm{d}\zeta^j} C_n^{\nu} = 2^j \, \frac{\Gamma(\nu+j)}{\Gamma(\nu)} \, C_{n-j}^{\nu+j}, \ \nu \in \mathbb{N}. \quad (3.43)$$

Beweis. Nach [Tri55, S. 179] ist

$$\frac{\mathrm{d}}{\mathrm{d}\zeta} C_n^{\nu} = 2 \cdot \frac{\Gamma(\nu+1)}{\Gamma(\nu)} \, C_{n-1}^{\nu+1}.$$

Führt man die Ableitung j-mal durch, so ergibt sich obige Formel, die dann durch vollständige Induktion bewiesen werden kann. Dies sei dem Leser überlassen. $\qquad\square$

Für $\nu = 1$ und $\Gamma(1) = 1$ erhalten wir

$$\frac{1}{2^j j!} \int_{-1}^{1} (1-\zeta^2)^j \frac{\mathrm{d}^j}{\mathrm{d}\zeta^j} C_n^1(xy + \sqrt{1-x^2}\sqrt{1-y^2}\,\zeta) \, \mathrm{d}\zeta = (1-x^2)^{j/2}(1-y^2)^{j/2} \, Q_j^n(x,y) \quad (3.44)$$

mit

$$\begin{aligned} Q_j^n(x,y) &= \int_{-1}^{1} (1-\zeta^2)^j \, C_{n-j}^{j+1}(xy + \sqrt{1-x^2}\sqrt{1-y^2}\,\zeta) \, \mathrm{d}\zeta \\ &= \frac{2^{2(j+1)} j!^2 \, (n-j)!}{2(n+j+1)!} \, C_{n-j}^{j+1}(x) \, C_{n-j}^{j+1}(y). \end{aligned} \quad (3.45)$$

Die Herleitung von (3.39) und (3.45) kann in [KS96, Kapitel 5] nachgelesen werden. Kombinieren wir (3.40) bis (3.45) erhalten wir schließlich für $A_j^n(x,y)$

$$A_j^n(x,y) = (2j+1) \frac{2^{2j} j!^2 \, (n-j)!}{(n+j+1)!} (1-x^2)^{j/2}(1-y^2)^{j/2} \, C_{n-j}^{j+1}(x) \, C_{n-j}^{j+1}(y). \quad (3.46)$$

Aus (3.39) mit $x = y = \sqrt{1 - e^{-t}}$ und $\zeta = \cos\theta$ folgt dann

$$C_n^1(1 - e^{-t} + e^{-t}\cos\theta) = \sum_{j=0}^{n} A_j^n(\sqrt{1 - e^{-t}}, \sqrt{1 - e^{-t}})\, C_j^{1/2}(\cos\theta)$$

$$= \sum_{j=0}^{n}(2j+1)\frac{4^j j!^2\,(n-j)!}{(n+j+1)!}e^{-jt}\left(C_{n-j}^{j+1}(\sqrt{1-e^{-t}})\right)^2 P_j(\cos\theta). \quad (3.47)$$

Aus der bekannten Darstellung der LEGENDRE-Polynome durch Kugelflächenfunktionen erhält man unmittelbar folgendes Additionstheorem, welches sich in einschlägigen Formelbüchern befindet.

$$P_j(x^2 + (1 - x^2)\cos\theta) = (P_j(x))^2 + 2\sum_{k=1}^{j}\frac{(j-k)!}{(j+k)!}\left(P_j^k(x)\right)^2\cos(k\theta).$$

P_j^k sind die assoziierten LEGENDRE-Funktionen.

$$P_j^k(x) = (-1)^k(1 - x^2)^{k/2}\frac{\mathrm{d}^k}{\mathrm{d}x^k}P_j(x).$$

Damit folgt für $x = 0$

$$P_j(\cos\theta) = (P_n(0))^2 + 2\sum_{k=1}^{j}\frac{(j-k)!}{(j+k)!}\left(P_j^k(0)\right)^2\cos(k\theta).$$

Da $P_j^o(0) = P_j(0)$ ist, wird der erste Term mit in die Summe gezogen.

$$P_j(\cos\theta) = 2\sum_{k=0}^{j}{}'\frac{(j-k)!}{(j+k)!}\left(P_j^k(0)\right)^2\cos(k\theta) \quad (3.48)$$

Der Strich rechts an der Summe bedeutet, dass der erste Summand bei $k = 0$ durch zwei geteilt werden muss. Schreiben wir die Summe (3.38) in derselben Art.

$$C_n^1(1 - e^{-t} + e^{-t}\cos\theta) = \Lambda_0^n(t) + 2\sum_{k=1}^{n}\Lambda_k^n(t)\cos(k\theta) = 2\sum_{k=0}^{n}{}'\Lambda_k^n(t)\cos(k\theta) \quad (3.49)$$

Wird (3.48) in (3.47) eingesetzt, ergibt das

$$C_n^1(\cdot) = \sum_{j=0}^{n}(2j+1)\frac{4^j j!^2\,(n-j)!}{(n+j+1)!}\,e^{-jt}\left(C_{n-j}^{j+1}(\sqrt{1-e^{-t}})\right)^2 \cdot 2\sum_{k=0}^{j}{}'\frac{(j-k)!}{(j+k)!}\left(P_j^k(0)\right)^2\cos(k\theta)$$

$$= 2\sum_{k=0}^{n}{}'\sum_{j=k}^{n}(2j+1)\frac{4^j j!^2\,(n-j)!\,(j-k)!}{(n+j+1)!\,(j+k)!}\,e^{-jt}\left(P_j^k(0)\right)^2\left(C_{n-j}^{j+1}(\sqrt{1-e^{-t}})\right)^2\cos(k\theta).$$

$$(3.50)$$

Vergleichen wir nun (3.49) und (3.50) so erhalten wir für $\Lambda_k^n(t)$:

$$\Lambda_k^n(t) = \sum_{j=k}^{n}(2j+1)\frac{4^j j!^2\,(n-j)!\,(j-k)!}{(n+j+1)!\,(j+k)!}\,e^{-jt}\left(P_j^k(0)\right)^2\left(C_{n-j}^{j+1}(\sqrt{1-e^{-t}})\right)^2.$$

In der Summe sind nur positive Terme, daraus folgt $\Lambda_k^n(t) \geq 0$. Damit ist der Beweis der MILIN-Vermutung erbracht und die Richtigkeit der BIEBERBACHschen Vermutung gezeigt.

31

Literaturverzeichnis

[AS64] ABRAMOWITZ, M. ; STEGUN, I.A.: *Handbook of Mathematical Functions*. Dover Publ., New York, 1964

[Bra85] BRANGES, L. de: *The Bieberbach conjecture; Acta Mathematica 154, S. 137-152*. 1985

[Dur83] DUREN, Peter: *Univalent functions*. Springer New York, 1983

[Gon99] GONG, Sheng.: *The Bieberbach conjecture*. 1. American Mathematics Society and International Press, 1999

[Hua63] HUA, L.K.: *Harmonic Analysis of Functions of Several Complex Variables in the Classical Domains;Translations of Mathematical Monographs Vol. 6*. Amer. Math. Soc., Providence,, 1963

[Jän77] JÄNICH, Klaus: *Einführung in die Funktionentheorie*. Springer Berlin Heidelberg, 1977

[Koe94] KOEPF, Wolfram: *Von der Bieberbachschen Vermutung zum Satz von de Branges sowie die Beweisvariante von Weinstein, S. 175-190, Jahrbuch, Überblicke der Mathematik*. Vieweg Verlag, 1994

[Koe09] KOEPF, Wolfram: *geometrische Funktionentheorie*. Universität Kassel, 2009

[KS96] KOEPF, Wolfram ; SCHMERSAU, Dieter: *Weinstein's functions and the Askey-Gasper identity, S. 5-6*. Konrad-Zuse-Zentrum für Informationstechnik Berlin, Preprint SC 96-06, 1996

[RS02] REMMERT, Reinhold ; SCHUMACHER, Georg: *Funktionentheorie 1*. 5. Auflage. Springer Verlag, Berlin Heidelberg, 2002

[RS07] REMMERT, Reinhold ; SCHUMACHER, Georg: *Funktionentheorie 2*. 3. Auflage. Springer Verlag, Berlin Heidelberg, 2007

[Tri55] TRICOMI, F.G.: *Vorlesungen über Orthogonalreihen. Grundlehren der Mathematischen Wissenschaften 76*. Springer-Verlag, Berlin, Göttingen, Heidelberg,, 1955

[Wei91] WEINSTEIN, Lenard: *The Bieberbach conjecture; S. 61-64*. International Mathematics Research Notices 5, 1991